全国中等职业技术学校机械类通用教材

铸工工艺与技能训练（第二版）习题册

中国劳动社会保障出版社

简介

本习题册是全国中等职业技术学校机械类通用教材《铸工工艺与技能训练（第二版）》的配套用书。本习题册紧扣教学要求，按照课本章节顺序编排，注意对基础知识的巩固及基本能力的培养。知识点分布均衡，题型丰富多样，难易配置适当，适合不同程度的学生练习使用。

本习题册由秦正超、黄士群、王江、周秋荣、陈健编写，秦正超主编，黄士群副主编；张荣全、王家芳审稿。

图书在版编目（CIP）数据

铸工工艺与技能训练（第二版）习题册/秦正超主编．—北京：中国劳动社会保障出版社，2014

全国中等职业技术学校机械类通用教材

ISBN 978-7-5167-1103-3

Ⅰ.①铸…　Ⅱ.①秦…　Ⅲ.①铸造-中等专业学校-习题集　Ⅳ.①TG2-44

中国版本图书馆 CIP 数据核字（2014）第 118167 号

中国劳动社会保障出版社出版发行

（北京市惠新东街1号　邮政编码：100029）

*

北京印刷集团有限责任公司印刷二厂印刷装订　新华书店经销

787 毫米×1092 毫米　16 开本　6 印张　142 千字

2014 年 6 月第 1 版　2014 年 6 月第 1 次印刷

定价：11.00 元

读者服务部电话：（010）64929211/64921644/84643933

发行部电话：（010）64961894

出版社网址：http://www.class.com.cn

目　录

绪 论

一、填空题

1. 铸造就是将熔炼合格的液态金属或合金，通过_________、_________或__________等方式注入铸型的型腔，__________后得到一定形状和性能毛坯或工件的方法。

2. 用以形成铸件形状的__________、__________和_________整体称为铸型。

3. 铸件常见的缺陷有__________、__________、__________、__________、__________、__________、__________和__________等。

二、判断题

1. 一般机器中铸件所占机器总重比较高，尤其重型机械、矿山机械等设备中铸件比重更高。（ ）

2. 随着铸造新技术、新方法、新工艺的发展，各种新材料和新设备不断涌现，传统铸造技术向更高新的技术方向发展。（ ）

3. 由于铸造生产工序繁多、技术复杂，安全事故较一般机器制造车间多，因此具备良好的职业道德，严格遵守安全规程是每个铸造工从业的准则。（ ）

4. 铸造工在集体操作时，要讲究配合、互相督促、共同遵守安全操作规程，并按规定穿戴好劳动保护用品。（ ）

三、思考题

1. 什么是铸造？

2. 什么是铸件？

3. 简述铸件在机器制造业中的比重。

第一单元　铸造生产基础知识

课题一　砂型铸造工艺过程

一、填空题

1. 根据铸造生产方法的不同，铸造分为__________和__________两大类。

2. 砂型铸造是将__________的液态金属或合金浇入砂质铸型（即砂型）型腔，冷却凝固后可获得一定__________和__________铸件的铸造方法。

3. 砂型铸造的工艺过程一般由__________、__________、__________、__________、__________、__________、__________和铸件检验等组成。

4. 生产中对混制好的型砂，要经常用__________进行测定，以保证型砂的__________。

5. 造型工艺过程主要包括__________、__________、__________、__________、__________等主要工序。

6. 大型铸钢件上的浇冒口常用__________或__________等方法去除。

7. 由__________、__________及__________组成，包括形成铸件形状的__________、__________和__________的组合整体称为铸型。

8. 常用的特种铸造有__________、__________、__________等。

二、思考题

1. 简述铸造生产的特点。

2. 什么是砂型铸造？

3. 常用的铸造材料有哪些？

4. 以常见的典型零件为例，简述砂型铸造的主要工艺过程。

5. 写出下图中铸型结构各部分的名称。

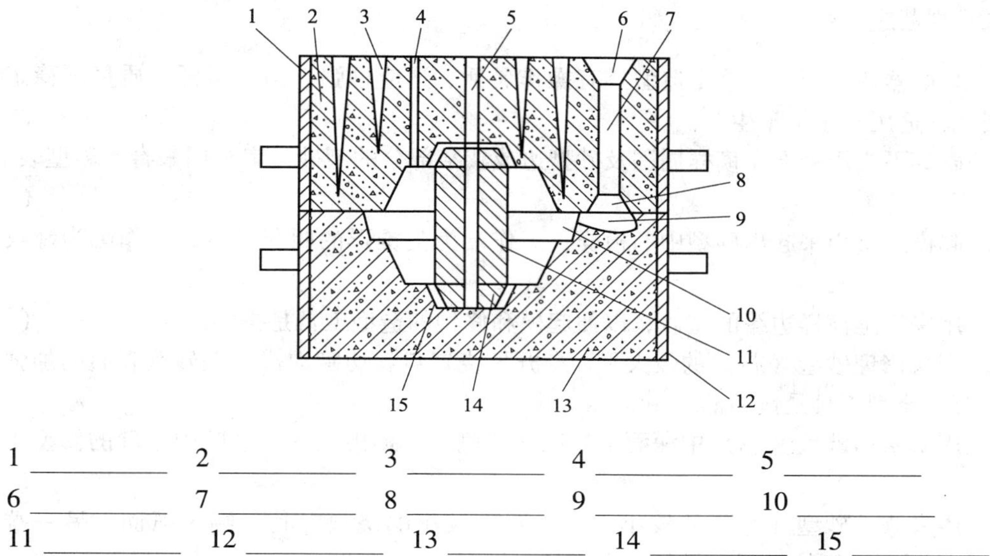

1 __________ 2 __________ 3 __________ 4 __________ 5 __________

6 __________ 7 __________ 8 __________ 9 __________ 10 __________

11 __________ 12 __________ 13 __________ 14 __________ 15 __________

课题二 手工造型基本操作技术

一、填空题

1. 筛子有__________和__________两种。圆形筛一般为手筛，可将__________筛到__________上。

2. 砂舂也称__________、__________，舂实型砂用。它分为__________和__________两端，平头用来__________________，尖头（扁头）用来__________________。

3. 风动捣固器也称__________，用来__________________。

4. 通气针有__________和__________两种，其直径随砂型的大小而定，一般为__________。

5. 起模针用于取出__________木模；起模钉工作端为__________，用于取出__________模样。

6. 使用手风箱时，注意不要碰到__________或__________，以免损坏__________。

7. 水平仪又称__________，是用来检测被测平面是否__________、立面是否__________的一种__________工具。根据气泡判断平面是否__________、立面是否__________。

8. 模样由__________、__________、__________、__________等制成，是用来形成砂

型型腔的__________之一。

9．造型平板又称__________、__________、__________，其工作表面平直、光滑，一般用__________、__________、__________及__________等制成。

10．砂箱一般用__________、__________及__________制成，作用是构成__________的一部分，__________和__________砂型，便于__________，__________和__________，浇注时防止__________等。

二、判断题

1．与机器造型相比，手工造型具有操作灵活、适应性强，但产量低、质量不稳定的特点，因此其适用于小批量生产。（　）

2．砂舂平头用来舂实模样周围及砂型边或狭窄部分的型砂，扁头用来舂实砂型表面。（　）

3．起模工具用来起出砂型中的模样，工作端为尖锥形的叫起模钉，工作端为螺纹的叫起模针。（　）

4．用来润湿模样边缘的型砂，以便起模和修型的造型工具是排笔。（　）

5．用来修理砂型（芯）的较大平面，开挖浇冒口，切割沟槽及把砂型表面的加强钉按入砂型等的修型工具是镘刀。（　）

6．用来修理砂型（芯）中深而窄的底面和侧壁，提出散落在型腔中型砂的修型工具是压勺。（　）

7．用来修整砂型（芯）的较小平面，开设较小的浇道，其一端为弧面，另一端为平面，勺柄斜度为30°的修型工具是双头铜勺。（　）

8．当安放模样时，应将模样小端朝向平板，以便于起模。（　）

9．开型后要做好泥号，以便于上、下砂型定位。（　）

10．造型工在工作前，要检查工作场地，清除绊脚物，不用的砂型、模样、工具等要堆放整齐，以保证工作通道畅通。（　）

三、选择题

1．铸造性能属于金属材料的（　）。

A．物理性能　B．力学性能　C．化学性能　D．工艺性能

2．用来修整垂直弧形的内壁及其底面的工具是（　）。

A．圆头　B．半圆　C．秋叶　D．法兰梗

3．用来修整曲面或窄小凹面的工具是（　）。

A．压勺　B．镘刀　C．双头铜勺　D．提钩

4．用来修整镘光砂型（芯）上内、外圆角、方角和弧形面等的工具是（　）。

A．砂钩　B．成型镘刀　C．镘刀　D．压勺

5．当合型、放箱时，禁止用手握砂型（　），以防压坏手指。

A．上面型口　B．下面型口　C．侧面　D．吊环

6．在安放模样时，铸件的重要加工面不应（　）。

A．朝右　B．朝左　C．侧立　D．朝上

7. 舂砂时，(　　) 舂得紧些。

A. 箱壁处要比模样周围　　B. 砂型上部要比下部

C. 上砂型要比下砂型　　D. 模样周围要比箱壁处

四、思考题

1. 造型时常用的工具、辅具有哪些？

2. 造型（芯）的工艺装备有哪些？各有何作用？

3. 简述手工造型的基本操作步骤。

第二单元 造型材料及其配制

课题一 造型原材料

一、填空题

1. 用来造型、造芯的各种__________、__________和__________等称为原材料，由各种原材料配制的__________、__________、__________等称为造型材料。

2. 铸造用砂可分为两大类：一类是__________；另一类是__________。

3. 铸造用硅砂的主要成分为__________，其次为长石以及少量__________、__________、__________、__________等。

4. 铸造用硅砂以__________、__________和__________评定其质量指标。

5. 硅砂在高温作用下，体积__________和__________的性能称为热稳定性。

6. 造型材料中常用的黏结剂有__________、__________、__________、__________等。

7. 为了改善型砂的某些性能，常需要添加的辅助材料分为三类，包括__________、__________、__________。

二、判断题

1. 由砂子、黏土或其他黏结剂和附加物配制而成的混合料称为型砂。（　）

2. 非硅石砂包括硅砂、石灰石砂、刚玉砂等。（　）

3. 选择新砂的原则：首先要考虑砂子的来源丰富、价格便宜，然后是就地取材、便于运输。（　）

4. 在型砂、芯砂中加入一部分木屑，主要目的是为了提高型砂、芯砂浇注后的溃散性，使铸件或型腔便于落砂。（　）

5. 在型砂和其他造型材料中，凡直径小于0.022 mm的颗粒，都叫作泥分。含泥量的测定主要是用洗涤法进行的。（　）

6. 铸造用硅砂的主要成分为硅石，其次为长石以及少量云母、铁的氧化物、碳酸盐和硫化物等。（　）

7. 硅砂中含泥量越高，其型砂的强度、透气性和耐火度越高。（　）

8. 湿压强度值为30～50 kPa，热湿拉强度值为0.5～1.5 kPa的酸性钙膨润土，其牌号为$P_{Ca}S$—3—5。（　）

9. 钙膨润土对水的极化作用大，用于湿型时抗夹砂能力优于钠膨润土。（　）

10. 高耐火度铸造用黏土适用于干砂型铸铁件，低耐火度的则适用于干砂型铸钢件。（　）

三、选择题

1. 硅砂的主要化学成分是（　　）。

A. SiO_2　　B. $CaCO_3$　　C. MgO　　D. Al_2O_3

2.（　　）的特点是流动性好，容易紧实，硬化后强度、透气性均较高；但溃散性差，旧砂回用困难。

A. 黏土砂　　B. 水玻璃砂　　C. 植物油砂　　D. 树脂砂

3. 铸造质量要求较高的大、中型铸件，适宜采用（　　）。

A. 壳型　　B. 表面干型　　C. 湿砂型　　D. 干砂型

4. 二氧化硅质量分数为98%，粒度分组代号为60，前筛残留量大于后筛残留量，角形系数代号为30，则其牌号为（　　）。

A. ZGS98—60Q—30　　B. ZGS98—60H—30

C. ZGS98—30Q—60　　D. ZGS30—60H—98

5.（　　）要求新砂 SiO_2 含量应较高，有害杂质含量应严格控制，同时要求硅砂颗粒较粗、均匀。

A. 铸钢　　B. 铸铁　　C. 铸铜　　D. 铸铝

6. 用（　　）作黏结剂的新砂，最好不用海砂，因海砂中含有碱金属等杂质，会引起型砂性能恶化和不稳定。

A. 黏土　　B. 水玻璃　　C. 树脂　　D. 合脂

7. 铸造用膨润土是指矿物组成主要为（　　）的黏土。

A. 高岭石　　B. 蒙脱石　　C. 硅石　　D. 长石

8. 钠钙膨润土的等级代号为（　　）。

A. P_{Na}　　B. P_{NaCa}　　C. P_{CaNa}　　D. P_{Ca}

四、思考题

1. 什么是造型材料？

2. 铸造用黏结剂有哪些？各有何特点？

3. 型砂中辅助材料分为哪几类？各有什么作用？

课题二　型（芯）砂的性能

一、填空题

1. 型（芯）砂是指按________配合的________，经过________符合________要求的混合料。

2. 型砂应具备的基本性能有________、________、________、________、________等。

3. 影响型砂强度的主要因素有________、________、________。

4. 影响型砂透气性的因素有________、________、________。

5. 影响型砂流动性的因素有________、________、________。

6. 旧砂处理有________再生和________再生两种方法。旧砂湿法再生处理有下列三大步骤：________、________、________。

二、判断题

1. 型砂强度是指型砂试样抵抗外力破坏的能力。（　　）
2. 新砂粒度越粗越均匀，则型砂的透气性越好。（　　）
3. 当型砂含水量一定时，若黏土加入量越多，则透气性越差。（　　）
4. 若采用粒度大而集中的圆形砂，则型砂的流动性较差。（　　）
5. 型砂韧性是指型砂吸收塑性变形能量的能力。（　　）
6. 韧性高的型砂流动性好，容易舂实和得到好的砂型表面。（　　）
7. 新砂的二氧化硅含量高，型砂的耐火度就高。（　　）
8. 圆形砂粒比尖角形砂粒耐火度低。（　　）
9. 型砂中黏土加入量多，型砂耐火度提高。（　　）
10. 单一砂的性能应接近背砂。（　　）
11. 耐火度高的湿压强度值为 30 ~ 50 kPa，干压强度值大于 500 kPa 的铸造用黏土，其牌号为 ND—3—50。（　　）
12. 为防止砂型破损塌落，型砂的强度越大越好。（　　）
13. 尖角形砂比圆形砂的接触面大，相互啮合作用也大，因此其强度应比圆形砂大。（　　）

三、选择题

1. 舂制砂型时，型砂紧贴模样，经过紧实后，获得表面光滑、轮廓清晰、尺寸准确的砂型。这样的性能是型砂的（　　）。

A. 流动性　　B. 透气性　　C. 可塑性　　D. 复用性

2. 型砂具有较高的（　　），能防止铸件黏砂。

A. 强度　　B. 透气性　　C. 流动性　　D. 耐火度

3. 型砂的（　　）越高，其强度也越高。

A. 黏土含量　　B. 含泥量　　C. 含水量　　D. 紧实度

4.（　　）是表示紧实砂样孔隙度的指标，即在标准温度和 98 Pa 气压下，1 min 内通过 1 cm^2 截面和 1 cm 高紧实砂样的空气体积量。

A. 透气性　　B. 强度　　C. 流动性　　D. 发气性

5. 型砂在重力或外力作用下，沿模样表面和砂粒间相对移动的能力称为（　　）。

A. 溃散性　　B. 退让性　　C. 落砂性　　D. 流动性

四、思考题

1. 什么叫新砂？什么叫型砂？二者有何区别？

2. 简述新砂、旧砂的处理方法。

3. 什么是强度？影响型砂强度的因素有哪些？

4. 什么是透气性？影响型砂透气性的因素有哪些？

5. 什么是流动性？影响型砂流动性的因素有哪些？

课题三 型（芯）砂的配制

一、填空题

1．黏土型（芯）砂是由一定比例的__________、__________、__________和__________混制而成的。

2．根据用途不同，黏土型（芯）砂分为__________、__________和__________。

3．根据干燥形式不同，黏土型（芯）砂分为__________、__________和__________。

4．铸钢件湿型（芯）砂一般用黏结性好的__________作黏结剂，并加__________作__________的活化剂。干型砂常采用__________和__________作黏结剂，加入__________可以提高砂型强度。型砂中加入的附加物主要有__________、__________、__________等，湿型砂还可以加入少量__________，以防止铸件黏砂。

5．我国铸造行业混砂通常是采用____________________，该种混砂机兼有混合、碾压和搓揉作用，混制型砂的质量较高。

6．水玻璃砂是生产铸钢件最常采用的一种型砂，这种型砂生产周期__________，操作__________，易于__________、__________生产；缺点是__________。

7．冷芯盒树脂砂造芯，是将混制好的树脂砂__________芯盒中，在常温下快速__________的一种造芯新工艺。按其工艺可分为__________和__________两大类。

二、判断题

1．用水玻璃黏结剂配制而成的化学硬化砂称为水玻璃砂。（　　）

2．水玻璃砂的溃散性较黏土砂差，因此清理较困难。（　　）

3．水玻璃模数越高，密度应越大。（　　）

4．水玻璃砂吹二氧化碳（CO_2）硬化法的硬化原理是 CO_2 气体与碳酸钠和水作用，生成碳酸氢钠，其反应式为 $Na_2CO_3 + CO_2 + H_2O = 2NaHCO_3$。（　　）

5．混砂机在运转时，不准用手检查转动件或到碾盘内取砂样，一定要用工具从取样门取样，或者停机取样。（　　）

6．混砂机供砂前不能空车运转，应先供砂后开机。（　　）

7．在运输带运行时，不准横跨带机行走，或隔着带机递送物件。（　　）

三、选择题

1．经特殊配制，在造型时与模样接触的一层型砂，称为（　　）。

A．单一砂　　B．背砂　　C．覆膜砂　　D．面砂

2．具备较高的强度、韧性、流动性、耐火度、适宜的透气性、抗黏砂性和夹砂性的砂是（　　）。

A．单一砂　　B．背砂　　C．矿砂　　D．面砂

3．（　　）只要求具有较好的透气性和一定的强度。

A. 单一砂　　B. 背砂　　C. 覆膜砂　　D. 面砂

4. 中、小件机器造型一般采用（　　）。

A. 单一砂　　B. 背砂　　C. 锆砂　　D. 面砂

5. 以膨润土作黏结剂，所造的砂型不经烘干就可浇注金属液的型砂是（　　）。

A. 湿型砂　　B. 单一砂　　C. 干型砂　　D. 表面干型砂

6. 铸件采用（　　）铸造，可以减少或避免气孔、冲砂、黏砂、夹砂等缺陷，表面质量也容易得到保证。

A. 湿砂型　　B. 干砂型　　C. 表面干砂型　　D. 水玻璃砂型

7. 降低水玻璃模数的方法，通常是往高模数水玻璃中加入适量的（　　）。

A. NH_4Cl　　B. NaOH　　C. Na_2O　　D. $NaHCO_3$

8. 热芯盒树脂砂法造芯，是用射芯机将树脂砂射入加热到（　　）℃的热芯盒中，利用芯盒的热作用，使树脂砂迅速固化的工艺方法。

A. 100～150　　B. 180～220　　C. 250～300　　D. 300～350

9. 铸钢件常用涂料的防黏砂材料是（　　）。

A. 石墨粉　　B. 煤粉　　C. 硅石粉　　D. 滑石粉

10. 成批生产的二氧化碳硬化水玻璃砂芯，宜采用（　　）硬化法。

A. 插入式　　B. 盖罩式　　C. 局部　　D. 专用管

11. 铸铁干型面砂中加入糖浆、纸浆废液的主要目的是为了提高型砂的（　　）。

A. 退让性　　B. 透气性　　C. 溃散性　　D. 干强度

12. （　　）对新砂化学成分无特殊要求，常选用较细或特细的新砂。

A. 铸钢　　B. 铸铁　　C. 铸铜　　D. 铸铝

四、思考题

1. 简述水玻璃 CO_2 硬化砂的配制。

2. 请举出一种常用的混砂机，并简要说明其使用特点。

3. 水玻璃砂最常用的硬化方法有哪几种？应该怎样选用？

课题四　涂料的配制和使用

一、填空题

1．涂料是指型腔和型芯表面的__________，有__________、__________或__________之分，它可以提高铸型表面的__________、__________、__________等。

2．涂料的组成主要包括防黏砂的__________、__________、__________和__________。

3．涂料具备的性能有__________、__________、__________、__________和__________。

二、判断题

1．涂料是指型腔和型芯表面的涂覆材料。（　　）

2．涂料是防止铸件翻砂、夹砂、砂眼、减少落砂和清理工作量最有效的措施之一。（　　）

3．鳞片状石墨耐火度高，但不易涂刷均匀，只用于较大型的铸钢件。（　　）

4．铸铁件涂料常用的防黏砂材料是硅石粉。（　　）

5．涂料层厚度应根据铸件大小、壁厚等因素决定。（　　）

6．涂料的悬浮稳定性主要取决于膨润土的质量和加入量以及防黏砂材料的粒度。（　　）

7．刷涂料的干砂型和表面干砂型多用较细的新砂。（　　）

三、选择题

1．涂料中常采用（　　）作悬浮稳定剂。

A．水玻璃　　B．膨润土　　C．硅石粉　　D．酒精

2．为防止加入糊精、糖浆等的涂料发酵，可在涂料中加入（　　）作防腐剂。

A．水柏油　　B．酒精

C．水玻璃　　D．福尔马林

3．涂料的（　　）主要取决于涂料的粒度和密度。

A．抗黏砂性　　B．涂刷性

C．强度　　D．抗裂纹性

4．一般铸铁件用（　　）作涂料中的耐火材料。

A．石墨粉　　B．硅石粉

C．滑石粉　　D．煤粉

5．一般铸钢件用（　　）作涂料中的耐火材料。

A．石墨粉　　B．硅石粉

C．滑石粉　　D．煤粉

6．非铁金属件用（　　）作涂料中的耐火材料。

A．石墨粉　　B．硅石粉

C．滑石粉　　D．煤粉

四、思考题

1. 什么是涂料？它由哪几部分组成？

2. 涂料应具备哪些性能？各起什么作用？

第三单元　铸造工艺规程

课题一　铸件结构的铸造工艺性分析

一、填空题

1．零件结构的铸造工艺性是指零件的__________应符合__________的要求，易于保证__________，简化__________和降低__________。

2．铸件的最小允许壁厚和铸造合金的__________密切相关。

3．铸件壁厚应随铸件尺寸的增大而相应__________。各种合金铸件的__________可按最小壁厚的__________来考虑。

4．一般情况下，铸件转角处都应设计成合适的__________，可以减少该处产生__________、__________及__________等缺陷。

二、判断题

1．在制造大型铸件时，由于刷涂料、烘干过程、模样刚度差等原因，都会使铸件外形尺寸增大。（　　）

2．由于手工造型工艺装备简单、灵活多样，所以特别适用于重型、复杂件的生产。（　　）

3．干砂型适用于结构复杂、技术条件要求高、大型和重型铸件的生产。（　　）

4．铸件的加工余量主要取决于铸件的加工精度。（　　）

5．机器造型时，工艺设计的偏差是影响铸件尺寸精度的主要因素。（　　）

6．铸造工艺规程一般分为两类：一类是通用性的工艺守则；另一类是针对每个铸件的工艺规程。（　　）

7．车间生产条件是进行工艺设计的主要依据。（　　）

8．铸件的承载能力是随铸件壁厚的增加而增加的。（　　）

9．铸件的铸造工艺性分析主要是指为了保证简化铸造工艺与防止铸造缺陷而对铸件结构进行的分析。（　　）

10．铸件的各部分壁厚不均匀就有可能产生缩孔、缩松与裂纹等铸造缺陷。（　　）

11．铸造工艺参数是指进行铸造工艺设计时需要确定的工艺数据。通常在铸件的铸造工艺方案确定后选择所需要的工艺参数，并确定其数值。（　　）

三、选择题

1．当采用机械加工方法制造模样时，一般采用（　　）表示起模斜度。

A．宽度 a　　　B．角度 α　　　C．百分比

2．铸造工艺守则与铸造工艺规程都是指导生产的技术文件，它们的主要区别是（　　）。

A．通用与专用　　　B．简单与复杂　　　C．低级与高级

3．在铸件设计中，对于壁厚相差悬殊处，采取逐渐过渡圆角连接的主要目的是（　　）。

A．简化工艺　　　B．外形美观　　　C．防止缺陷　　　D．节约金属

四、思考题

1．什么是零件结构的铸造工艺性？

2．如何从避免缺陷方面改善铸件结构？

3．怎样从简化铸造工艺方面改进零件结构？

课题二　砂型铸造工艺方案的确定

一、填空题

1．分型面是指两半铸型相互接触的__________，一般在确定__________后再选择。

2．分型的优劣在很大程度上影响铸件的__________、__________和__________，应选择最适于__________和__________的分型面。

3．选择的分型面要有利于__________、__________和__________，数目尽量__________，应使铸件全部或大部分置于__________。

4．铸件的浇注位置是指浇注时__________在__________中的位置。在选择浇注位置时，主要以保证__________为前提，同时尽量做到__________和__________。

5．浇注时，铸件大平面朝下既可避免__________和__________，又可以防止在大平面

上形成________缺陷。

6. 浇注位置的选择应优先考虑________的条件，要便于安放________和发挥冒口的________作用。厚大部分尽可能安放在________位置，而对于中、下位置的局部厚大处采用________或________等工艺措施解决问题。

7. 依据制作的材料不同，型芯可分为________、________、________三类。

8. 芯头可分为________和________两大类。芯头是砂芯的________、________和________结构。

二、判断题

1. 铸件的浇注位置是指浇注时内浇道进入铸件的位置。（　　）

2. 芯头的作用是迅速而准确地确定砂芯在铸型中的位置。（　　）

3. 由于芯头部分不接触金属液，所以不受铸型中金属液浮力的影响。（　　）

4. 将铸件尽量放在同一砂型内并尽量减少分型面数量是确定分型面位置的一般原则之一。（　　）

5. 铸件在浇注位置应有较大的水平面，以利于气体和熔渣的排出。（　　）

三、选择题

1. 一般铸件的浇注位置是指（　　）所处的位置。

A. 铸型分型面　　B. 内浇道进入铸件

C. 直浇道上浇注系统　　D. 铸型浇注时

2. 浇注位置的选择主要以保证（　　）为出发点。

A. 简化工艺　　B. 提高劳动生产率

C. 铸件质量

四、思考题

1. 选择分型面时应遵循哪些原则？

2. 如何确定铸件的浇注位置？

3．简述型芯种类及其应用。

4．砂芯设计总的原则是什么？

5．芯头的设计需要考虑哪些因素？

第四单元　造型方法与技术

课题一　造型专业知识

一、填空题

1．按成型方式不同，砂型铸造方法可分为__________和__________两大类。

2．手工造型主要包括__________、__________和__________等。其中__________应用最广泛。

3．砂箱造型包括__________、__________、__________、__________、__________、__________等多种造型方法。

4．整模造型是指模样是__________的，铸件分型面为__________，铸型型腔全部在半个铸型内，其造型__________，铸件不会产生__________。

5．分模造型是指将模样沿__________分成两半，型腔位于__________、__________两个砂箱内，造型__________，生产效率__________。常用于最大截面在__________的铸件。

6．三箱造型时，铸型由__________、__________、__________三型构成，__________高度须与铸件两个__________相适应。

7．机器造型方法主要有__________、__________、__________等。

二、选择题

1．（　　）的生产效率低，对工人的技术水平要求高，只适用于单件、小批量生产。

A．整模造型　　B．分模造型　　C．挖砂造型　　D．假箱造型

2．湿型浇注和成批生产的小型铸件常采用（　　）。

A．挖砂造型　　B．活块造型　　C．活砂造型　　D．脱箱造型

3．有些铸件尺寸较大或形状较复杂，且两端面的截面又大于中间部分的截面，应采用（　　）。

A．多箱造型　　B．叠箱造型　　C．一型多铸　　D．刮板造型

4．成批生产的小型铸件不宜采用（　　）。

A．挖砂造型　　B．脱箱造型　　C．一型多铸　　D．假箱造型

三、思考题

1．铸型的种类有哪些？它们各有什么特点？

2. 手工造型的方法主要有哪些？试比较其造型特点。

课题二 整 模 造 型

一、填空题

1. 用一个__________造型叫作整模造型。

2. 整模造型类零件的最大截面一般是在__________，而且是一个__________，造型完成后，__________可以直接从砂型中起出。

3. 整模造型的操作过程一般包括__________、__________、__________、__________、__________、__________。

4. 手工舂砂时，每次填砂厚度不大于__________；用风动捣固器舂砂时，每次填砂厚度不大于__________。

二、判断题

1. 造型方法的选择由铸件结构、生产数量、技术要求等因素决定。（　）
2. 整模造型的特点是造型简单、几何形状清晰、尺寸准确。（　）
3. 在安放模样时，应将模样小端朝向平板，以便于起模。（　）
4. 铸件的重要加工面应朝下或侧立，以防止产生气孔、夹渣等缺陷。（　）
5. 填砂时，位于砂型表面的是面砂，紧贴模样的是背砂。（　）
6. 舂砂时，箱壁和箱带处的型砂要比模样周围紧些。（　）
7. 舂砂的路线应先从砂型边上开始，顺序地靠近模样。（　）
8. 砂型下部的型砂要比上部舂得松些。（　）
9. 下砂型应比上砂型舂得紧一些。（　）
10. 通气孔应在砂型舂实、刮平前用通气针扎出。（　）
11. 出气冒口一般位于铸件最高处，铸件的细薄部位可不设出气冒口。（　）
12. 内浇道应开设在直浇道的下面。（　）
13. 不能将内浇道开设在正对着砂芯和型腔内的薄弱部位。（　）
14. 修型工作应自上而下地进行，避免下面修好后，又被上面落下的散砂弄脏或破坏。（　）
15. 开型后要做好泥号，以便于上、下砂型定位。（　）

三、选择题

1. 在选择砂箱造型的砂型尺寸时，最主要应考虑（　）。

A. 箱带与砂型壁四周的吃砂量　　B. 砂箱的材质

C. 砂型是否经过热处理　　D. 砂型能否进烘干炉干燥

2. 舂砂时，(　　) 舂得紧些。

A. 箱壁处要比模样周围　　B. 砂型上部要比下部

C. 上砂型要比下砂型　　D. 模样周围要比箱壁处

四、思考题

1. 造型时，怎样确定模样在砂型中的摆放位置？

2. 砂型在扎通气孔时应注意哪些问题？

3. 简述起模的操作步骤。

4. 手工造型的基本操作步骤有哪些？

课题三　分模造型

一、填空题

1. 使用__________造型叫作分模造型。

2. 分模造型之前，要检查模样的__________是否可靠，注意防止__________。

3. 分模造型过程和整模造型基本__________。

4. 造上型时应将上模样按定位标记安放在__________，上、下__________之间不要有型砂等__________，以保证上、下模样成为__________。

二、判断题

1. 当采用分模造型时，只需在分模面上安装定位装置，而在分型面上不必设置定位装置。（　　）

2. 分开模上模的分模面上有定位孔，下模的分模面上有定位销。（　　）

三、思考题

1. 什么是分模造型？它有什么特点？

2. 简述分模造型时的注意事项。

课题四　挖 砂 造 型

一、填空题

1. 有些铸件按其结构和形状看，最大的__________不在一端，模样又不允许分成__________（模样太薄或制造分模很费事），可以将模样做成__________，为使__________能够从砂型中起出，一般采用挖砂造型法。

2. 挖砂造型包括__________、__________、__________等过程。

3. 挖砂造型和整模造型__________，只是在舂实下型__________后，用__________挖去妨碍__________的那部分型砂。

二、思考题

1. 什么是挖砂造型？为什么说挖砂造型只适用于单件、小批量生产？

2. 挖砂造型时应注意哪些问题？

课题五 假箱造型

一、填空题

1. 挖砂造型操作技术要求__________，生产效率__________，只适用于__________生产。当生产数量较多时，一般采用__________。

2. 假箱造型免去__________操作，提高了造型__________与__________。

3. 假箱造型包括__________、__________、__________等过程。

4. 假箱只用于__________，而不用来__________，其因此而得名。

二、判断题

1. 与假箱造型相比，挖砂造型具有造型效率高、砂型质量好、操作简单等特点。（ ）

2. 在假箱造型工艺方法中，假箱是代替造型模板的，它不能直接用来浇注铸件，因而称为假箱。（ ）

三、思考题

1. 假箱造型有什么特点？

2. 简述假箱造型时应注意的问题。

课题六　活 块 造 型

一、填空题

1. 可将妨碍起模的凸台做成__________，然后进行__________，这种造型方法就是活块造型。

2. 活块造型要求工人操作技术水平__________，而且生产效率__________，单件、小批量生产用得较__________。

3. 活块可用__________、__________连接在模样上。

二、思考题

1. 什么是活块造型？它有什么特点？

2. 简述活块造型时应注意的问题。

课题七　多 箱 造 型

一、填空题

1. 多箱造型由于分型面__________，操作比较__________，生产效率__________，铸件的__________难以保证，所以只适用于__________、__________生产。

2. 多箱造型的操作方法和两箱造型区别__________，需要注意的是，定位要__________，合型要__________。

3. 将中型按定位标记合到下型上，再将打好的__________放到下型的芯座里，砂芯一定要__________；然后按定位标记将__________合到__________上，此时要注意上芯头的__________。

二、思考题

1．简述多箱造型的特点。

2．简述多箱造型时应注意的问题。

课题八　刮板造型

一、填空题

1．刮板造型不需要制作__________，只需要制作结构简单的__________，能节省大量__________和__________，且刮板制作成本__________。

2．刮板可分为__________、__________等，其中__________一般称为车板。

3．刮板造型适用于铸件是__________且外部轮廓形状__________，如带轮、圆筒类铸件通过车板的__________形成铸件轮廓。

4．车板的支承轴杆要__________且固定__________，不能有__________。当车板较高时，轴杆上端需用__________固定，以防__________。

二、判断题

1．刮板造型是指不用模样而通过操作刮板进行造型和造芯的方法。（　　）

2．刮板工作面刮砂的一边倒成斜角，背面做成直棱。（　　）

3．过桥式刮板架要比悬臂式刮板架稳固，故可刮制尺寸较大的砂型。（　　）

三、选择题

1．导向刮板造型是以导板为基准，使刮板沿导板（　　）而刮制砂型的一种造型方法。

A．转动　　B．螺旋式转动　　C．来回移动　　D．波浪式移动

2．导向刮板造型是刮板造型方法中的一种，它主要用来制造单件生产的（　　）铸件。

A. 粗短的圆柱体　　B. 细长的圆柱体
C. 球形体　　D. 圆锥形体

3. 大型旋转刮板在刮砂前，必须用螺栓将刮板紧固在（　　）上。
A. 底座　　B. 轴杆　　C. 颈圈　　D. 转动臂

4. 旋转刮板造型的最大优点在于（　　）。
A. 省工、省料　　B. 提高紧实度
C. 便于下芯　　D. 有利于干燥

5. 当大、中型铸件采用旋转刮板造型时，其铸件尺寸精度比实样模造型要高，这是由于大型实样模（　　）的原因。
A. 变形量大　　B. 制模尺寸误差大
C. 起模斜度太小　　D. 结构不合理

四、思考题

1. 简述车板造型的过程。

2. 车板安装和校调有哪些操作要点？

课题九　地 坑 造 型

一、填空题

1. 在地平面以下的__________中或特制的__________中制造__________的造型方法称为地坑造型。

2. 地坑造型质量的优劣关键在于__________的制备。砂床制备的关键在于砂床的__________和__________。

3. 制备软砂床时，应根据铸件的__________和__________，在砂地上挖出一个每边比造型所需的长度长__________、比模样高度深__________的坑。

二、判断题

1. 地坑造型是指在铸造大型铸件时，下型不用砂型，而将模样放在地面铺设的砂床上

进行的造型。（　　）

2. 无盖地坑造型常在硬砂床上进行。（　　）

三、选择题

1. 在地平面以下的砂坑中或特制的地坑中制造下型的造型方法称为（　　）。

A. 地面造型　　B. 地坑造型　　C. 无箱造型　　D. 假箱造型

2. 地坑造型在舂制高大模样四周时，应对砂型采取加固措施。加固的方法主要是（　　）。

A. 型砂多加黏土　　B. 减少新砂水分

C. 舂砂每到一定高度时埋一层铁钩　　D. 提高木模强度

四、思考题

1. 什么是地坑造型？在什么情况下应采用地坑造型？

2. 简述软砂床的制备过程。

课题十　机 器 造 型

一、填空题

1. 造型机按紧实砂型的方式进行分类，常用的有＿＿＿＿＿、＿＿＿＿＿、＿＿＿＿＿等形式。

2. 造型机一般均配备机械化起模机构，其起模方式分为＿＿＿＿＿和＿＿＿＿＿两种。＿＿＿＿＿的起模过程是模板自砂型下方脱离；＿＿＿＿＿的起模过程是模板自砂型上方脱离。

二、判断题

1. 采用树脂砂机器造型时，由于树脂、固化剂具有毒性和腐蚀性，且在造型（芯）过程中有较多粉尘，因此生产过程中要切实加强劳动保护。（　　）

2. 手工造型和机器造型相比，手工造型铸件的质量更好。（　　）

3. 手工造型和机器造型相比，机器造型可使技术等级较低的生产工人能较快地掌握生产技能。 ( )

4. 型砂紧实后的压缩程度称为紧实率。 ( )

5. 生产中，通常采用称重并计算其体积的方法来确定砂型的紧实度。 ( )

6. 紧实度过高的砂型透气性低，容易引起气孔、夹砂等缺陷。 ( )

7. 平板压实方法主要用在砂型比较高的情况下。 ( )

8. 采用高压造型可以提高砂型的紧实度。 ( )

9. 在压实的同时进行微振能使砂型的紧实度均匀化。 ( )

10. 采用成形压板、多触头压头、压膜、模样退缩装置等能使砂型的紧实度均匀化。 ( )

11. 对于形状较复杂或高度较大的模样，可以采用漏模法起模。 ( )

12. 造型是铸造生产过程中一个重要而复杂的生产工序。它不但要求操作者要掌握一定的理论知识，而且还要有熟练的操作技能。 ( )

13. 为了保证造型工序的操作质量，铸钢件、铸铁件、非铁合金件等的砂型、砂芯紧实度都是越硬越好。 ( )

第五单元　造芯方法与技术

课题一　手工造芯专业知识

一、填空题

1. 砂芯的分类方法有多种，即按＿＿＿＿＿分类、按＿＿＿＿＿分类、按＿＿＿＿＿分类、按＿＿＿＿＿分类、按＿＿＿＿＿分类。

2. 砂芯的作用有＿＿＿＿＿、＿＿＿＿＿、＿＿＿＿＿。

3. 砂芯在浇注铸件时的工作条件比铸型更为＿＿＿＿＿，故对砂芯的要求比铸型＿＿＿＿＿。

4. 提高砂芯性能的工艺方法有＿＿＿＿＿、＿＿＿＿＿、＿＿＿＿＿。

5. 芯骨的材料主要有＿＿＿＿＿、＿＿＿＿＿、＿＿＿＿＿和＿＿＿＿＿等，用于提高砂芯的＿＿＿＿＿和＿＿＿＿＿。

6. 为提高砂芯的透气性，除选择＿＿＿＿＿外，还应采取必要的工艺措施，如＿＿＿＿＿、＿＿＿＿＿、＿＿＿＿＿、＿＿＿＿＿、＿＿＿＿＿。

7. 砂芯的整修是在砂芯硬化后进行的一道工序，主要包括＿＿＿＿＿、＿＿＿＿＿、＿＿＿＿＿等。

8. 砂芯的拼合方法主要有＿＿＿＿＿、＿＿＿＿＿、＿＿＿＿＿、＿＿＿＿＿等。

二、判断题

1. 砂芯的作用是形成铸件的内腔及孔，形成铸件的外形和提高局部砂型的强度。（　）

2. 砂芯应具有高的吸湿性和发气量。（　）

3. 砂芯应具有良好的透气性。（　）

4. 砂芯应具有高的耐火度和尺寸精度。（　）

5. 五级砂芯的复杂程度高于一级砂芯。（　）

6. 五级砂芯常采用植物油、树脂作为黏结剂。（　）

7. 可在一级砂芯中间部分放一些砖头、焦炭块等改善其韧性和透气性。（　）

8. 放入砂芯中用以加强和支持砂芯并有一定形状的金属构架称为芯骨。（　）

9. 芯骨的作用是提高砂芯的刚度和强度，便于吊运和固定砂芯，便于砂芯排气。（　）

10. 在芯骨上缠绕一些草绳，有利于砂芯的排气。（　）

11. 铸钢芯骨脆性好，易于被击断取出，成本又较低，故应用广泛。（　）

12．在芯骨上刷泥浆水，可以增强芯骨和芯砂的黏结力。（　　）
13．对于简单的小砂芯，常采用通气针从芯头处扎出通气孔排气。（　　）
14．在砂芯中开设的通气孔要互相连贯，切不可中断或堵塞。（　　）
15．在砂芯中各个方向的通气槽要开挖到工作面上。（　　）
16．在砂芯中各个方向的通气槽要开挖到非工作面（芯头）上。（　　）
17．砂芯较大的面或尖角处要插铁钉，以提高其强度。（　　）
18．对于大批量生产的砂芯，常采用砂托进行支撑。（　　）
19．砂芯的连接有用黏结剂连接、螺栓连接和焊接芯骨连接等方式。（　　）
20．双面芯撑用于湿砂型，单面则用于干砂型。（　　）
21．芯撑的熔点要稍低于浇注金属的熔点。（　　）
22．承压铸件要尽量少用或不用芯撑。（　　）
23．芯撑表面要干净，不允许有锈蚀或油污。（　　）
24．芯撑应尽早地放入型腔中。（　　）
25．对于干砂型，芯撑的高度可用验型的办法测得。（　　）
26．芯撑安放要牢固，避免移动和脱落。（　　）
27．芯撑支撑面应与砂芯或砂型表面严密贴合。（　　）
28．砂芯每个面上的芯撑数量要足够，布置要适当。（　　）
29．对于尺寸较大的卧式砂芯，可用一根钢管作为引气的通道。（　　）
30．所有砂型上的引气口都应做出标记，以便浇注时点火引气。（　　）
31．砂芯的功能是形成铸件的内腔、孔或外形凹陷不易起模的部位。（　　）
32．芯头的主要作用是固定砂芯，使砂芯在铸型中有准确的位置。（　　）
33．为了造芯方便，通常在芯头与芯座间留有间隙。（　　）
34．砂芯中放置芯骨后，使砂芯强度提高、刚度降低。（　　）

三、选择题

1．形状复杂的砂芯可选用干强度较高、落砂性较好的（　　）作为黏结剂。

A．植物油　　B．膨润土　　C．水玻璃　　D．合脂

2．决定芯盒填砂方向（舂砂方向）的主要原则是（　　）。

A．根据铸件下芯方向　　B．保证舂芯质量

C．减少木材消耗　　D．减少芯盒中活块数量

3．芯骨与砂芯表面（即芯盒壁）之间的距离叫作（　　）。

A．吃砂量　　B．砂芯负数　　C．芯头间隙　　D．芯盒开边

4．根据砂芯在铸型中的安放位置，芯头可以分为（　　）两类。

A．特殊定位芯头和普通芯头　　B．悬臂芯头和垂直芯头

C．垂直芯头和水平芯头　　D．水平芯头和悬臂芯头

5．工艺上设计特殊定位芯头的目的是（　　）。

A．便于合型时通气、压芯　　B．有利于提高砂芯紧实度

C．防止下芯后砂芯转动　　D．提高砂芯的强度和刚度

6．大量生产时，为了检查砂芯的尺寸是否准确，应该采用（　　）进行测量。

A. 特制的砂芯样板　　B. 普通钢卷尺
C. 卡规　　D. 游标卡尺

7. 复杂程度较高的砂芯是（　　）砂芯。
A. 二级　　B. 三级　　C. 五级　　D. 一级

8. 可用黏土作黏结剂的是（　　）砂芯。
A. 一级　　B. 二级　　C. 零级　　D. 三级

9. 放入砂芯中用以加强和支持砂芯并有一定形状的金属构架称为（　　）。
A. 芯撑　　B. 芯骨　　C. 芯座　　D. 冷铁

10. 由于（　　）芯骨脆性好，易于被击断取出，成本又较低，故应用广泛。
A. 铸钢　　B. 铸铁　　C. 铸铜　　D. 铸铝

11. 对于大批量生产的砂芯，又不具有较大的支撑平面时，常采用（　　）进行支撑。
A. 烘芯板　　B. 砖头　　C. 砂托　　D. 成型烘干器

12. 对于生产批量较大且形状复杂的砂芯，应采用（　　）进行检验。
A. 通用量具　　B. 卡规　　C. 样板　　D. 塞规

13. 用（　　）芯头固定砂芯时，砂芯的稳定性较差。
A. 卧式　　B. 悬臂式　　C. 挑担式　　D. 直立式

14. 在悬挂式芯头中，（　　）只适用于质量较轻的小砂芯。
A. 预埋砂芯　　B. 吊芯　　C. 盖板砂芯　　D. 自来砂芯

15. 在组装砂型和进行浇注时，支撑吊芯、悬臂砂芯和部分砂型的金属构架称为（　　）。
A. 芯骨　　B. 芯铁　　C. 冷铁　　D. 芯撑

16. 厚大铸件的砂芯应采用（　　）芯撑支撑。
A. 双柱　　B. 单柱　　C. 薄片　　D. 鼓形

17. 中型砂芯可采用（　　）芯撑支撑。
A. 双柱　　B. 单柱　　C. 单面　　D. 鼓形

18. 薄壁铸件的砂芯可采用（　　）芯撑支撑。
A. 双柱　　B. 单柱　　C. 薄片　　D. 鼓形

四、思考题

1. 简述砂芯的作用。

2. 铸造生产中对砂芯有什么要求？

3．在砂芯中开设通气孔时应注意哪些问题？

课题二　造 芯 方 法

一、填空题

1．手工造芯依靠__________填砂紧实，也可借助__________进行紧实，造好后的__________放入烘炉内烘干硬化。

2．手工造芯可分为__________造芯及__________造芯两种。

3．刮板造芯一般有__________和__________两种。

4．整体式芯盒无可拆部分，为了方便舂砂，芯盒上面有较大的__________，为了翻转后安放__________方便，敞口面一般是__________，它适用于形状__________的砂芯。

5．形状复杂的砂芯常采用__________造芯。

二、判断题

1．脱落式芯盒适用于形状简单、自身斜度较大的砂芯。（　　）

2．对于大型砂芯，采用对分式芯盒造芯，湿态时会因强度不够而在翻转时损坏，可在烘干后再将两半砂芯拼合起来。（　　）

3．芯盒造芯比刮板造芯工艺复杂、难度大，对操作者的技术水平要求高。（　　）

4．刮板造芯适合制造各种尺寸及形状的砂芯。（　　）

5．根据芯盒的结构不同，芯盒可以分为木质芯盒、金属芯盒、水泥芯盒、塑料芯盒等。（　　）

三、选择题

1．对于形状简单、自身斜度较大的砂芯，可采用（　　）芯盒造芯。

A．整体式　　B．对分式　　C．脱落式　　D．封闭式

2．对于形状较复杂、外表面凹凸不平且不易从芯盒中取出的砂芯，应采用（　　）芯盒造芯。

A．整体式　　B．对分式　　C．封闭式　　D．脱落式

四、思考题

1．制造砂芯用的芯盒有哪几种形式？它们各自的应用范围是什么？

2．刮板造芯有什么特点？

课题三　机器造芯

一、填空题

1．机器造芯可分为__________造芯、__________造芯、__________造芯、__________造芯等。

2．热芯盒基本上分为__________、__________、__________3种分型方式。

二、判断题

1．对于生产数量少、形状复杂、尺寸较大又非长期定型产品的砂芯，宜采用机器造芯。（　　）

2．对于形状简单、尺寸较小又是长期固定的产品，宜采用机器造芯。（　　）

三、思考题

1．机器造芯有什么特点？

2．普通机器造芯有哪些方法？试比较其造芯特点。

第六单元　浇注系统设置

课题一　浇注系统的设置

一、填空题

1. 浇注系统是铸型中__________金属进入__________的__________总称，其基本组元有__________、__________、__________、__________和__________。

2. 浇口杯可分为__________和__________两种。浇口杯的作用如下：承接来自浇包的金属液，防止__________和__________，方便浇注；减少金属液对铸型的__________；可以撇去部分__________、__________，阻止其进入__________内；提高金属液静压力。

3. 直浇道的作用是将__________中的金属液引入__________或直接进入__________。

4. 横浇道除了向__________分配液流之外，主要起__________作用。

5. 内浇道的作用是控制__________充填铸型的__________和__________，调节铸型各部分的__________和铸件的__________，并对铸件有一定的__________作用。

6. 根据各组元截面比例关系的不同，浇注系统可分为__________、__________和__________；按内浇道在铸件上的相对位置不同，可将浇注系统分为__________、__________、__________和__________等类型。

7. __________和__________是顶注式浇注系统的两种特殊结构形式，它们都能细化流股，有边浇边__________的作用。

二、判断题

1. 在设计浇注系统时，充型流股不能正对冷铁和芯撑，否则会降低冷铁的激冷效果，使芯撑过早软化和熔化。（　　）

2. 漏斗形浇注系统主要用于浇注大型铸件。（　　）

3. 池形浇注系统适用于浇注小型铸件及铸钢件。（　　）

4. 横浇道是指浇注系统中连接直浇道和内浇道的垂直通道部分。（　　）

5. 集渣包式浇注系统中锯齿形集渣包的挡渣效果较好，其中逆齿胜过顺齿。（　　）

6. 离心集渣包的出口截面应比入口截面大。（　　）

7. 离心集渣包的出口方向必须与液流旋转方向相反。（　　）

8. 内浇道不能开在直浇道正下方。（　　）

9. 内浇道的开设方向不能逆着横浇道液流方向。（　　）

10. 直浇道出口截面积大于横浇道截面积总和，横浇道出口截面积总和大于内浇道截面积总和的浇注系统称为开放式浇注系统。（　　）

11. 封闭式浇注系统挡渣能力很差，消耗的金属液也较多，但充型平稳。（ ）

12. 半封闭式浇注系统对铸型的冲刷比封闭式浇注系统小得多，且挡渣作用比开放式好。（ ）

13. 顶注式浇注系统对铸型底部冲击力大，有利于顶部冒口对铸件的补缩，结构简单而紧凑，便于造型，金属消耗量也小。（ ）

14. 压边浇口的压边宽度一般为 7 ~ 12 mm。（ ）

15. 压边浇口主要适用于中等而壁较厚的铸铁件和非铁合金铸件。（ ）

16. 对要求同时凝固的铸件，内浇道应开设在铸件壁厚的地方。（ ）

17. 对要求顺序凝固的铸件，内浇道应开设在铸件壁薄的地方。（ ）

18. 内浇道不要开设在铸件的重要部位。（ ）

19. 对旋转体铸件内浇道的开设，应使金属液沿着铸件切线方向注入，并力求方向一致，以便于杂质上浮和气体的排出。（ ）

20. 开放式浇注系统各组元截面积的比例关系是 $S_{直} < S_{横} < S_{内}$。（ ）

三、选择题

1. 内浇道应开设在横浇道的（ ）。

A. 尽头　B. 上面　C. 顶面　D. 下面

2. 浇注系统通常由浇口杯、直浇道、横浇道和（ ）组成。

A. 集渣装置　B. 浇口塞　C. 浇口窝　D. 内浇道

3.（ ）的作用是避免金属液飞溅，防止熔渣和气体卷入型腔，缓和金属液对铸型的冲击，提高充型能力。

A. 浇口杯　B. 直浇道　C. 横浇道　D. 内浇道

4.（ ）是浇注系统中的垂直通道，通常带有一定的斜度。

A. 直浇道　B. 横浇道　C. 内浇道　D. 冒口

5. 应用最广泛的直浇道的形状是（ ）。

A. 上大下小的圆锥形　B. 上小下大的圆锥形

C. 蛇形　D. 圆柱形

6. 在自动造型生产线上常采用（ ）直浇道。

A. 上大下小的圆锥形　B. 上小下大的圆锥形

C. 蛇形　D. 圆柱形

7. 非铁金属铸件常采用（ ）直浇道。

A. 上大下小的圆锥形　B. 上小下大的圆锥形

C. 蛇形　D. 圆柱形

8. 横浇道的主要作用是（ ）。

A. 接纳金属液　B. 挡渣　C. 分配金属液　D. 补缩

9. 圆形截面的横浇道多用于浇注（ ）。

A. 铸铁件　B. 铸钢件　C. 非铁合金件　D. 铸铜件

10. 在浇注系统中，引导液态金属进入型腔的部分称为（ ）。

A. 浇口杯　B. 横浇道　C. 直浇道　D. 内浇道

11．新月形和三角形内浇道一般用于（　　）。

A．大型铸铁件　　B．厚壁铸件　　C．铸钢件　　D．小型铸铁件

12．圆形内浇道主要用于（　　）。

A．铸铜件　　B．铸铁件　　C．非铁合金件　　D．铸钢件

13．直浇道出口截面积小于横浇道截面积总和，横浇道出口截面积总和小于内浇道截面积总和的浇注系统称为（　　）浇注系统。

A．封闭式　　B．开放式　　C．半封闭式　　D．封闭－开放式

14．中、小型铸铁件多采用（　　）浇注系统。

A．封闭式　　B．开放式　　C．半封闭式　　D．封闭－开放式

15．易氧化的非铁金属铸件、球墨铸铁件及使用漏包浇注的铸钢件多采用（　　）浇注系统。

A．封闭式　　B．开放式　　C．半封闭式　　D．封闭－开放式

16．直浇道出口截面积小于横浇道截面积总和，但大于内浇道截面积总和的浇注系统称为（　　）浇注系统。

A．封闭式　　B．开放式　　C．半封闭式　　D．半开放式

17．浇口底面压在型腔边缘上所形成的缝隙式顶注浇口称为（　　）浇注系统。

A．缝隙式　　B．压边　　C．封闭式　　D．开放式

18．充型平稳，不会产生激溅、铁豆，型腔内的气体易于排出，金属氧化少的浇注系统是（　　）浇注系统。

A．顶注式　　B．底注式　　C．中注式　　D．阶梯式

19．牛角浇口和反雨淋式浇口都属于（　　）浇注系统。

A．顶注式　　B．底注式　　C．中注式　　D．阶梯式

20．反雨淋式浇注系统一般用于（　　）。

A．铸钢件　　B．铸铁件　　C．合金钢铸件　　D．非铁合金铸件

21．高大、复杂的大型及重型铸件多采用（　　）浇注系统。

A．顶注式　　B．底注式　　C．中注式　　D．阶梯式

四、思考题

1．什么是浇注系统？正确的浇注系统应满足哪些要求？

2．什么是直浇道？其作用是什么？

3. 什么是横浇道？其作用是什么？

4. 为加强横浇道的挡渣作用，常用的方法有哪些？

5. 什么是内浇道？其作用是什么？

6. 在开设内浇道时应注意哪些问题？

7. 顶注式浇注系统有什么特点？

8. 底注式浇注系统有什么特点？其主要用于什么铸件？

课题二　冒口的设置

一、填空题

1．所谓冒口，是指在铸型内储存供__________铸件用熔融金属的__________，也指该__________中充填的金属。

2．冒口的凝固时间应__________或__________铸件的凝固时间。

3．冒口的主要作用是__________，防止__________和__________。

4．按冒口在铸件上的位置，可将其分为__________和__________；按冒口顶部是否被型砂所覆盖，又可将其分为__________和__________；按冒口的作用，可将其分为__________和__________。

二、判断题

1．冒口的凝固时间应小于或等于铸件的凝固时间。（　）

2．在凝固期间，冒口应有足够的补缩压力和通道，以使金属液顺利地流到需补缩的部位。（　）

3．冒口应有足够的金属液补充铸件的收缩。（　）

4．冒口的主要作用是补缩铸件，此外还有排气、集渣、作为浇满铸型的标记和合型时检查定位情况等作用。（　）

5．冒口应尽量放在铸件被补缩部位的上部或最后凝固的热节点旁边。（　）

6．冒口应尽量放在铸件最低、最薄的地方。（　）

7．冒口最好不安放在铸件需要机械加工的表面上。（　）

8．应尽可能使内浇道靠近冒口或通过冒口，以提高冒口的补缩效率。（　）

9．球形冒口散热慢，但与同体积其他冒口相比，其补缩效果好。（　）

10．当采用圆柱形冒口铸件仍有缩孔时，换成球形冒口便可消除缩孔。（　）

11．冒口在水平方向的补缩不是无限的，但在垂直方向是无限的，因为冒口可以自上而下补缩。（　）

12．出气冒口一般位于铸件最高处，铸件的细薄部位可不安放出气冒口。（　）

13．为填充型腔和冒口而开设于铸型中的一系列通道称为浇注系统。（　）

14．浇注系统能调节铸型及铸件上各部分的温差，控制铸件的凝固顺序，并有一定的补缩作用。（　）

三、选择题

1．在铸型内储存供补缩铸件用熔融金属的空腔称为（　）。

A．浇注系统　B．冒口　C．工艺补正量　D．补贴

2．散热面积最小、铸件工艺出品率高的是（　）冒口。

A．明顶　B．暗顶　C．暗侧　D．球形

3．热节不大的小型铸铁件可采用（　　）冒口。

A．明顶　　B．暗顶　　C．压边　　D．暗侧

四、思考题

1．什么是冒口？它有什么作用？

2．冒口位置的选择应遵循什么原则？

课题三　冷铁的设置

一、填空题

1．冷铁分为__________和__________，外冷铁是指造型时放置在__________的冷铁；内冷铁是指放置在__________，能与铸件熔合为一体的冷铁。

2．按所起作用分有__________和__________的外冷铁。前者与铸件表面__________，后者和__________之间隔有一层较薄的造型材料。

3．内冷铁的__________比外冷铁强，通常在外冷铁__________不够时才采用。当使用内冷铁时，其__________必须严格控制。

二、判断题

1．冷铁的作用是防止铸件产生缩孔、缩松、变形和裂纹，细化基体组织，提高铸件表面硬度和耐磨性。（　　）

2．设在铸钢件外侧的冷铁四周应有一定的斜度。（　　）

3．外冷铁边缘与砂型接触处不应有尖角砂。（　　）

4．外冷铁材质应与铸件材质基本相同或相近。（　　）

5．外冷铁的激冷作用比内冷铁强。（　　）

三、选择题

1．为提高铸件局部的冷却速度，在砂型、砂芯表面或型腔中安放的金属物或其他激冷

物称为（　　）。

A. 冷铁　　B. 补贴　　C. 冷隔　　D. 芯铁

2. 只与铸件的表面接触，不与铸件熔接的冷铁是（　　）。

A. 外冷铁　　B. 内冷铁　　C. 隔砂冷铁　　D. 暗冷铁

3. 设在（　　）外侧的冷铁四周应有一定的斜度。

A. 铸钢件　　B. 铸铁件　　C. 非铁合金铸件　　D. 铸铜件

4. 对于承受高温、高压和质量要求很高的铸件，不宜放置（　　）。

A. 外冷铁　　B. 内冷铁　　C. 隔砂冷铁　　D. 暗冷铁

四、思考题

1. 什么是冷铁？它有什么作用？

2. 使用外冷铁时应注意哪些问题？

第七单元　砂型（芯）的烘干与铸型装配

课题一　砂型（芯）的烘干

一、填空题

1. 砂型（芯）烘干的主要目的是__________，降低型（芯）的__________并提高型（芯）的__________和__________。

2. 在吊运砂型时，两链条之间的夹角不要太大。两链条夹角一般不要超过__________，否则链条就有断裂的危险。

3. 在吊运砂型时，两钢丝绳（或链条）的长度要__________，若不一样长，就会发生__________或__________。

4. 吊尺寸较长的砂型时要用__________，这样吊运__________________。

5. 砂型的吊轴边缘要__________。如果吊轴边缘残缺不全，就会在翻转时造成__________的危险。

6. 在吊运砂型时，严禁在砂型上面__________，严禁在砂型下面__________。行灯要用__________V 的低压灯。

7. 去除砂型（芯）中的水分必须满足两个基本要求，一是____________________，二是____________________，两者缺一不可。

8. 烘干过程中要严格按照__________进行__________、__________和__________。

9. 确定烘干工艺规范有两个因素，一是__________，二是__________。

10. 砂型（芯）最适宜的烘干温度主要取决于__________性质。过高的烘干温度将引起__________的破坏。

11. 移动式烘干炉适用于__________造型或__________造型。

12. 房间式烘干炉适用于烘干__________砂型（芯）。

13. 房间式周期作业烘干炉的操作方法：1）__________；2）__________；3）__________；4）__________；5）__________；6）__________；7）__________。

14. 砂型和型芯烘干检查常用的方法有__________、__________和__________3 种。

15. 若炉内湿度较大说明__________；若湿度小、炉气温度高，则说明__________。

16. 直接检验法是指用__________直接测量砂型或型芯的烘干程度。

17. 当测得温度不到__________℃时，表示未干；当温度超过__________℃时，说明已经干燥。

18. 常用烘干质量检验的经验法有__________法和__________法。

19. 对于较大的砂型和型芯用目测法检验烘干质量时，若有__________冒出，则表明未干；也可以用__________，如有__________，则表明未干。

二、判断题

1. 干砂型由于整个砂型经过烘干，大大减少了砂型的水分，增加了强度，提高了透气性，因此比较容易保证铸件的质量。（　）

2. 干砂型制造的工艺过程比湿砂型要复杂一些，一般可分为造型、烘干、烘干后的修整、检验、合型等工序。（　）

3. 干砂型都是整体烘干的，这样大大减少了由于水分引起的发气量，提高了透气性，增加了蓬松度。（　）

4. 干砂型的合型工作比湿砂型复杂些，这主要是干砂型本身的塑性很差，有的型（芯）较多的原因。（　）

5. 在吊运砂型时，吊车必须停在砂型的中心上方，只有这样，砂型才不致斜着吊上去而造成砂型损坏或碰伤人。（　）

6. 在使用天车时，链条或挂圈必须靠紧砂型，否则，易造成不稳定甚至发生挂圈脱落的危险。（　）

7. 翻箱前要检查并做些必要的准备，以防止翻箱起模时塌箱、掉砂和掉模。（　）

8. 叠箱要平稳、牢靠，砂型四角垫平，以避免造成下层砂型的变形及损坏；严禁叠放不平，以防在砂型吊运过程中损坏。（　）

9. 砂型（芯）的表面积越大，炉气的温度越高，炉气流通情况越好，就越有利于砂型（芯）的水分蒸发。（　）

10. 烘干开始时，应使炉子的空气流通，使水分快速蒸发；同时，快速升温，从而减少温度差的不利影响。（　）

11. 等到砂型（芯）内部温度达到要求后，就应加快炉气的流通，创造最好的蒸发条件，以利于水分的蒸发。（　）

12. 在高温烘干及恒温阶段，烟道闸门完全敞开，新的干燥炉气不断地进入把水分吸收并带走，逐渐把砂型和型芯烘干。（　）

13. 在随炉冷却阶段，砂型和型芯经过保温阶段，此时停止燃烧，打开烟道闸门，使炉温快速降低，把砂型和型芯冷却到出炉温度。（　）

14. 用天然气作燃料的房间式周期作业烘干炉点火升温时，必须先在燃烧室内放上少许引火柴，点上火苗，然后稍稍打开气阀形成小火燃烧。（　）

15. 根据电导率大小来测量砂型、型芯的干湿程度方法如下：将两根金属棒插入要检查的砂型或型芯中，两金属棒间保持 10 ~ 15 mm 的距离。（　）

16. 对于油类黏结剂砂芯表面烘干程度，烘干的砂芯用指甲在砂芯表面上的划痕为一条细白线；烘干不足的划痕无白色线条且有砂粘在手指上；若烘干过度，则用指甲划过时表面酥松。（　）

17. 可以用手指弹击砂型表面，若发出的声音低沉，说明已经烘干；若发出的声音很清脆，则表明没有烘干。（　）

三、选择题

1. 下列选项中与干砂型造型工艺有冲突的是（　）。

A. 因为需要烘干，所以所用的型砂必须是湿型砂，砂型的紧实度比湿砂型要低

B. 分型面靠近型腔处及水平芯头座靠近型腔的一端都应在修型时压低 1 ~2 mm

C. 砂型浇口附近的大平面处都要插钉加固

D. 型腔表面、浇冒口处要刷涂料

2. 由于烘干过程中砂型有时会出现变形、过烧、损坏等现象，因此烘干后的砂型必须经过（　　）。

A. 修整和第二次烘干　　B. 修整、第二次烘干和检验

C. 修整和检验　　D. 修整

3. 在翻转砂型时，吊砂型的正确高度是（　　）。

A. 砂箱高度的 1/2

B. 不要起得太高，要尽量放低，只要保证砂型能方便翻转即可

C. 要起得高些，以保证砂型能翻转自如

D. 不要起得太低，要保证合型方便

4. 砂箱堆叠的正确要求是（　　）。

A. 堆叠砂型高度不得超过 2. 5 mm

B. 砂型间隙一般在 15 ~25 cm 之间

C. 下面放大砂型，上面放小砂型，不准斜放，不准大小倒置

D. 要用垫铁、砖头或木块垫稳垫箱

5. 在升温匀热阶段中，下列做法不正确的是（　　）。

A. 把砂型和型芯整体进行预热

B. 在烘干炉中要保持一定的湿度，逐渐地使砂型和型芯预热

C. 必须把烟道中的闸门打开，进行剧烈地燃烧，将温度快速提高

D. 把炉气保留在炉中，迫使它们水分饱和，延缓水分从砂型表面蒸发，从而使砂型和型芯的截面全部预热，并逐渐达到热透的要求

6. 下列对砂芯烘干不足现象的描述不正确的是（　　）。

A. 水分超过工艺规定

B. 浇注后铸件易产生裂纹类缺陷

C. 固化不充分，砂型（芯）强度差

D. 易产生冲砂、断芯缺陷

7. 下列对烘干过度现象的描述不正确的是（　　）。

A. 表面烧枯炭化

B. 强度下降

C. 铸件表面粗糙

D. 浇注后铸件易产生气孔类缺陷

8. 砂型（芯）最适宜的烘干温度主要取决于（　　）。

A. 砂型（芯）中的含水量

B. 砂型（芯）的截面尺寸大小

C. 黏结剂的性质

D. 用砂粒度、炉内的装载量、烘干温度及炉子的结构

9. 操作房间式烘干炉时不符合装车要求的是（　　）。

A. 将相同或近似烘干温度和烘干时间的砂型与砂芯装入同一炉中

B. 把尺寸大、厚度高的砂型放在上层

C. 砂型（芯）与平板之间、各砂型（芯）之间、砂型（芯）与四周炉墙和炉顶之间都要留有间隙，以便于热空气与湿气交换和流动

D. 当上下叠放时，要在各砂型（芯）之间垫以专用垫铁，叠放砂型（芯）。要平稳、牢固，四角垫平，垫块放在铁（钢）砂型的四个角上，让砂型承受质量，如果垫在砂型上则易将其压坏

10. 下列关于房间式烘干炉停火操作叙述不正确的是（　　）。

A. 停止向炉内投入燃料，让炉内燃料燃尽

B. 少量添加燃料，以保证炉内温度

C. 对于气体燃料，停火时必须慢慢关闭气阀

11. 用电导率大小表示被测部位已经被烘干，正确的条件是（　　）。

A. 电流 =0

B. 电流≤0.1 A

C. 电流≥0.1 A

D. 电流 $0<I\leq 0.1$ A

12. 下列关于烘干砂型（芯）残余水分检验叙述不正确的是（　　）。

A. 在砂型（芯）的规定部位取样，以测定残余水分的含量，砂芯要烘干并冷却到室温

B. 对于中大砂芯、厚砂层铸型，检查部位与砂层表面的距离≥80 mm，残余水质量分数允值≤0.4%

C. 对于中大砂芯、厚砂层铸型，检查部位与砂层表面的距离≥100 mm，残余水质量分数允值≤0.8%

D. 对于小型芯、薄砂层铸型，干透后残余水质量分数允值≤0.4%

13. 用观察烘干后砂芯表面色泽的方法判断，下列选项中不正确的是（　　）。

A. 合脂砂芯表面呈棕褐色且有光泽的表示烘干良好

B. 桐油砂芯表面呈棕黄色或棕色且有光泽的表示烘干良好

C. 合脂砂芯表面呈黄色或棕黄色，桐油砂芯呈淡黄色或黄色表示烘干不足

D. 合脂砂芯表面呈棕褐色，桐油砂芯表面呈暗棕黑色表示烘干过度

四、思考题

1. 干砂型造型主要应用于哪些场合？与湿砂型造型相比，它的制造工艺特点是什么？

2．烘干过程分为哪几个阶段？各阶段水分烘干的特点是什么？

3．检验砂型（芯）烘干质量的方法有哪些？

课题二　铸型装配

一、填空题

1．砂型装配过程中如果工作疏忽，便会造成__________、__________、__________、__________和__________等缺陷。

2．砂型、型芯的修整包括__________和__________。

3．清理毛边和修补可以用__________、__________或__________等工具。若砂型和型芯有较大面积的缺陷要修补，修补时，将损坏处修整后要刷上__________，用喷灯__________。

4．型芯的检验包括__________、__________和__________。

5．量具检验型芯一般用于检验__________，生产时常用__________量具来检验尺寸。

6．型芯的连接是指对__________的型芯，为了便于造芯，分成__________来制造。烘干后经过__________和__________，再将__________各部分连接起来的方法。常用的方法有用__________连接和用__________连接。

7．型芯的装配是指为了提高型芯的__________和__________，常将型芯组装好，经__________后，把型芯__________，一并吊入砂型中。

8．当__________造型时，往往可以直接在下砂型上组装型芯，这样可省去吊装型芯的工序，对保证装配质量也有积极作用。

9．将铸型__________组合成__________的操作过程叫作铸型装配。如果工作疏忽，可能造成铸件的__________、__________、__________、__________、__________等缺陷。

10．用砂芯头固定砂芯的方法包括__________、__________、__________、__________、__________、__________。

11. 卧式砂芯固定是指将砂芯的两个芯头__________搁置在砂芯座上。

12. 芯撑的作用是为了__________，组装铸型时，__________叫作芯撑。

13. 在砂芯上放一团软泥，合上上砂型，然后再把上砂型取走，测量出被压缩泥团的高度，就是__________的高度。

14. 使用单面芯撑时芯撑柱的一端要____________________。

15. 为了使砂芯产生的气体顺利地___________，对于一般不大的卧式型芯，可以将__________的一端塞入芯头的出气孔里，另一端由__________引到箱外，合型后把__________抽出，便留下一个排气通道。

16. 除了__________外，其他作用在上型的力会对上型造成很大的顶箱力，有可能将__________顶起，造成__________等现象。

17. 砂型压铁重力一般可以__________公式确定。

18. 对于__________的重力，因为抬型力的大小不能用铸件的重力来计算，因此压铁的重力最好用抬箱力公式__________计算。

19. 中等大小的铸型往往用__________紧固，这样操作方便。使用卡子要左右__________、用力__________、安装__________。

20. 常见的螺栓紧固形式有用__________紧固、用__________紧固、用__________紧固和用__________紧固。

二、判断题

1. 对于复杂砂型的装配，不仅要按工艺要求把许多砂芯正确无误地安放在砂型中，还要做好浇注前的准备工作，如砂芯在浇注过程中的稳定和排气、砂型的紧固等，都要做得安全可靠。（　　）

2. 当铸件生产的数量较少而尺寸较大时，可采用挑担式砂芯。（　　）

3. 在浇注过程中，当砂型或砂芯不能保证其正确位置时，用一定厚度和形状、表面经过处理的芯撑可维持砂型或砂芯在型腔中的正确位置。（　　）

4. 双面芯撑的高度就是铸件壁厚，也就是砂型、型芯间的距离。（　　）

5. 在实际工作中，芯撑与砂芯间难免会有空隙。为了使芯撑安放牢固，避免移动和跌落，要用金属片塞紧。（　　）

6. 芯撑的支撑面必须与砂型和砂芯表面都贴合严紧。（　　）

7. 对于立式砂芯，应在砂型的芯头上扎出通气孔。（　　）

8. 合型时，砂芯的安放，冷铁和芯撑的设置，砂型的精整、验型、背型、抹型和压型等操作均要求仔细、准确，否则铸件将产生缺陷。（　　）

9. 大型铸件要在分型面上用细干砂、石棉绳或白泥条沿型腔边缘围一圈，以防浇注时跑火。（　　）

三、选择题

1. 下列选项中不属于机械修整的是（　　）。

A. 分成两片制造的型芯，在烘干后、组合前要对分芯面进行机械加工，使其尺寸对准、表面平整

B. 在型芯的分芯面上要留1~2 mm的加工余量，型芯的机械加工一般是将型芯放入特制的夹具内，用刮板刮平

C. 大量生产时，可在特制的磨床上用砂轮来磨平

D. 可以用刮刀、锉刀或手砂轮进行修整

2. 下列对立式砂芯固定的叙述中，不正确的是（　　）。

A. 对于湿型砂，砂芯要比砂型高出约5 mm，但芯座下的型砂应略微紧些，以使合箱时砂芯能与砂型贴合，保证砂芯稳固

B. 对于湿型砂，砂芯要比砂型高出约0.5 mm，但芯座下的型砂应略微松些，以使合箱时砂芯能与砂型贴合，保证砂芯稳固

C. 对于干砂型，则砂芯应低一点，以防合箱时将砂芯压坏

D. 为防止浇注时金属液流入砂芯的通气孔，保证合箱后芯头压紧，常环绕通气孔贴放一圈石棉线、白泥条或油泥

3. 下列对芯撑的作用的叙述中，不正确的是（　　）。

A. 可维持砂型或砂芯在型腔中的正确位置

B. 为了牢固地固定砂芯

C. 使砂芯在金属液作用下不发生飘移、变形

D. 为了防止造成铸件的气孔、砂眼、错箱、偏芯、披缝等缺陷

4. 下列对于芯撑使用场合的叙述中，不正确的是（　　）。

A. 双柱芯撑用于大砂芯　　B. 单柱芯撑用于中、小型砂芯

C. 薄片芯撑用于小砂芯　　D. 鼓形芯撑用于厚大铸件

E. 单面芯撑用于湿型砂

5. 下列对芯撑的要求中，不正确的是（　　）。

A. 芯撑必须与铸件熔焊在一起，特别是需要承受压力的铸件更要熔接好

B. 芯撑常用与铸件类同成分的金属制成

C. 铸铁、铸钢件所用芯撑常用中碳钢制成

D. 芯撑要干净、无锈蚀、无油污，要经防锈处理或镀上一层锡、铜，以防生锈

6. 浇注时，对上型不造成顶箱力的作用力是（　　）。

A. 金属液静压力所产生的抬型力　　B. 砂芯浮力产生的抬型力

C. 金属液冲击上型所产生的动压力　　D. 上型的重力

7. 下列对小型铸型的紧固的叙述中，正确的是（　　）。

A. 小型铸型一般不采用压箱铁来紧固铸型

B. 普通压箱铁要搁放在砂型边上，且要压得均匀对称

C. 成型压箱铁高度较低、面积较大，常用于三箱造型

D. 不要把型芯的排气孔堵住，致使型芯由于不能正常排气而造成铸件废品

四、计算题

已知上型的质量约为200 kg，铁液的密度$\rho_{铁}$为7.2×10^3 kg/m^3，砂芯的密度$\rho_{芯}$为1.5×10^3 kg/m^3，重力加速度g取10 m/s^2，安全系数取1.5，求铸铁件的砂型压重。

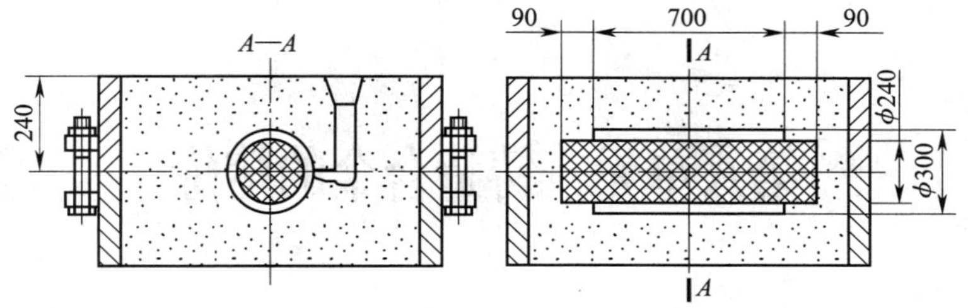

五、思考题

1．检查砂型（芯）外形尺寸的方法有哪些？各适用于什么情况？

2．型芯常用哪些联结方法？

3．在进行合型操作时应注意哪些问题？

第八单元　铸造合金的熔炼

课题一　铸铁的熔炼

一、填空题

1．冲天炉所用的耐火材料种类很多，一般可分为__________、__________、__________。

2．冲天炉用炉料由__________、__________及__________三部分构成。

3．冲天炉熔炼的金属料包括__________、__________、__________及__________4种。

4．回炉料包括__________、__________及__________等。

5．铸铁熔炼可使用的熔炉种类很多，其中以__________和__________应用最广。

6．冲天炉的种类较多，但其基本结构大致相同，都是由__________、__________、__________和__________组成的，有的还附有__________。

7．送风系统由__________、__________、__________组成。

8．铁水温度是冲天炉熔炼过程__________的综合体现。冲天炉铁水温度的高低对__________有很大影响。

9．一般希望冲天炉的出铁温度尽可能高于__________。

10．铁焦比反映了铸铁熔炼时每吨__________所能熔化的__________。

11．在冲天炉工作中，一般将__________、__________元素的__________作为衡量冲天炉的重要技术指标之一。

12．冲天炉的熔炼操作工艺有__________、__________、__________、__________、__________和__________。

13．冲天炉常见故障有__________、__________、__________、__________、__________等。

14．修炉工人应在炉温降至__________以下时方可进入炉内。

15．为了减少灰尘，清理前，可以在炉壁上__________并戴上__________，以免吸入过多的灰尘。

二、判断题

1．酸性冲天炉是用酸性氧化物（如硅砂）作炉衬材料，在高温条件下具有较强的去硫、磷能力，可以得到低硫、磷的铁液，目前大多数工厂都采用酸性冲天炉。（　　）

2．铁焦比反映了铸铁熔炼时每吨焦炭所能熔化的铁料量（t），是冲天炉的一个主要的经济技术指标。（　　）

3．铸铁熔炼时主要元素的变化率（一般用硅、锰元素的烧损率）不但说明了铸铁内合

金元素的消耗大小，也直接反映了铁液还原程度的高低。（　）

4．在中、小型冲天炉中，炉料如能破碎到每块质量为5～7 kg，其熔化效果会更好，铁液温度和熔化率也会有明显提高。（　）

5．熔剂的作用是用来造渣，熔剂能与炉料带入的泥砂、灰分、金属氧化物及剥落的炉衬等形成低熔点的熔渣。（　）

6．冲天炉熔炼操作的“一精”是指精料、细料、净料、精心修炉、充分烘烤后炉和前炉、注意点火和加好底焦。（　）

7．底焦高度是指由第一排风口（主风口）中心线至底焦顶面的距离。（　）

8．若在送风10～12 min时，在出铁口看到铁水流出，则说明底焦高度合适。（　）

9．在熔化过程中，若风口一直发白、发亮、铁液下落速度较快，则说明底焦高度合适，熔化正常。（　）

10．若加料口火焰呈桃红色并有少量蓝色，加料后又立即熄灭，则说明炉内熔化正常。（　）

11．当铁液花纹清净、表面氧化膜似芝麻漂浮状，铁液成分大致在C3.2%～3.6%、Si1.9%～2.2%、Mn0.6%～1.0%、P<0.2%、S<0.2%时，其牌号表示为HT200。（　）

12．若炉内发生爆炸，一定是因为炉料中混入了易爆炸物。（　）

三、选择题

1．冲天炉的出铁温度应（　）。

A．尽可能高于1 430℃　　B．尽可能高于1 230℃

C．尽可能高于1 030℃　　D．使铁液融化成液态即可

2．冲天炉炉料加入的常用铁合金的要求不包括（　）。

A．成分要符合要求　　B．需烘干后使用

C．块度应合适　　D．需要氧化处理

3．冲天炉的熔炼操作所指的“两稳定”不包括（　）相对稳定以及稳定操作。

A．炉料　　B．风口结构

C．送风系统　　D．操作人员

4．下列关于冲天炉点火和烘炉的叙述中，不正确的是（　）。

A．修好的冲天炉需要点火烘烤炉衬，烘烤前一般要自然风干一段时间，使炉壁阴干，以防烘烤时产生裂纹

B．点火一般在熔化前2 h左右进行

C．烘炉是利用自然通风方法使炉壁慢慢烘干，否则捣固层会产生裂纹

D．从点火到开风的烘炉时间应严格控制，一般小于2 h

5．熔炼操作中的合理供风是熔炼操作的关键，其不包括（　）。

A．鼓风机开动前，必须向所有操作人员发出信号

B．出铁口、出渣口、风口及加料门等处正前方切勿站人

C．开炉初期，送风量略小一些，约1 h后增加到正常操作的风量

D．在熔炼过程中，要严格控制风量和风压

6. 下列对观察炉渣的叙述中，不正确的是（　　）。

A. 炉渣呈黄绿色玻璃状，说明炉子熔化正常

B. 炉渣有白点或白条，说明炉温低，石灰石加入量偏多，炉衬侵蚀严重

C. 炉渣呈黑色玻璃状、疏松、放渣时发泡，可能是因风量过大造成底焦燃烧而偏低或者炉料中砂子灰分太多，炉衬脱落严重或熔剂不足

D. 炉渣呈黑色玻璃状、致密比重大，说明渣内含氧化铁较多、铁液氧化严重，炉温低、熔剂偏少

E. 炉渣呈深咖啡色，说明含磷较多

7. 根据铁液表面氧化膜的宽度来判断铁液温度，下列选项中正确的是（　　）。

A. 当铁液表面完全被氧化膜覆盖时，铁液温度在 1 340 ~ 1 350℃之间

B. 当铁液表面氧化膜宽度大于一指时，铁液温度可能在 1 360 ~ 1 370℃之间

C. 当铁液表面氧化膜接近一指宽时，铁液温度可能高于 1 380℃

D. 当铁液表面无氧化膜并有火头、白烟出现，铁液温度超过 1 400℃

8. 当铁液碳硅量较高时，下列对铁液的火花特征的描述中正确的是（　　）。

A. 火花呈火星状

B. 火花呈火球状

C. 火花飞出速度快而急，在空气中停留的时间短，溅出的距离近

D. 火花体积小、分叉不明显、白而亮且数量多

9. 下列关于冲天炉操作的安全技术的描述中，不正确的是（　　）。

A. 在后炉底下地面和前炉坑中，应铺上干砂且不得有积水

B. 底焦中不准混入金属物，以免冻结出铁口

C. 在修炉过程中，炉内要采用 36 V 低压照明，灯泡要装有防护罩

D. 冲天炉前的工作场地，不允许有积水

四、思考题

1. 冲天炉所用的耐火材料种类有哪些？

2. 简述冲天炉的构造。

3．什么是铁焦比？怎样计算铁焦比？

4．什么是冲天炉的熔化率？

5．冲天炉的熔炼操作工艺有哪些？

6．使用光学高温计测铁水温度时应注意哪些问题？

7．冲天炉的炉况根据什么途径进行判断？

8．如何根据铁水火花特征判断铁水碳、硅含量的多少？

9. 冲天炉的常见故障有哪些?

10. 冲天炉操作的安全技术有哪些?

课题二　铸钢的熔炼

一、填空题

1. 铸钢与铸铁相比，具有较高的__________、__________和__________，并具有优良的__________、__________等工艺性能。

2. 铸钢的铸造性能差，具体表现在如下几个方面：1）__________；2）__________；3）__________；4）__________。

3. 铸钢件干砂型要求型砂必须具有高的__________、__________、__________。一般采用__________砂，干砂型砂应用广泛。为了防止铸件出现裂纹，对于那些收缩应力大的部位，背砂中应加入__________，以增加退让性。

4. 铸钢件湿型用__________的细石英砂，砂中的灰尘应少；采用__________，尽量减少__________用量，可加入__________等附加物，尽量减少__________；在砂型表面上喷涂__________、__________或__________，以提高铸型表面强度。

5. 为了防止铸钢件的表面黏砂，提高铸钢件的表面质量，除了要求芯砂有高的__________外，还要增加它的__________。不易出砂的型芯可采用__________。

6. 炼钢炉炉衬的耐火材料有__________、__________和__________3 种。

7. 铸钢熔炼的炉料有__________、__________、__________、__________、__________。

8. 铸钢熔炼设备有__________、__________、__________、__________、__________等，电弧炉熔炼__________快，__________高，有良好的__________、__________条件，容易__________。

9. 三相电弧炉的结构基本相同，主要由__________、__________、__________、__________、__________、__________、__________等构成。

10. 电弧炉炼钢分为__________、__________和__________3 种。

11. __________是最基本的且应用最广的炼钢方法，用这种方法能冶炼__________、

__________和__________。

12. 氧化法炼钢操作的补炉操作要点如下：__________、__________、__________。

13. 氧化法炼钢操作“氧化期”的第一阶段主要是__________以及除去钢液中的__________和__________；第二阶段是__________以及去除钢液中的__________和__________。

14. 氧化法炼钢操作“还原期”的主要任务是__________，对钢液进行__________、__________，调整__________，控制好__________。

15. 熔炼碳素钢是加入适量的__________和__________来调整钢液的含硅量和含锰量。熔炼合金钢时，除了加__________和__________外，还要调整__________的含量。化学成分和出炉温度都调整好以后，用__________或__________进行终脱氧，加__________量为钢液质量分数的__________。

16. 出钢时，要求钢液流柱要__________，不能__________，将钢液和钢渣全部倾入盛钢桶中，然后在钢液表面盖上__________。钢液在盛钢桶中镇静__________min 以后开始浇注。

17. 在浇注铸钢件时，还有一个重要的工艺参数，即__________。

二、判断题

1. 铸钢与铸铁相比，易产生缩孔、缩松、热裂和冷裂等缺陷，其主要原因是因为铸钢的收缩率比铸铁要高得多。（　　）

2. 当铸钢件壁厚差别较大时，要使铸钢件自薄向厚的方向依次定向凝固，钢液由铸钢件最厚的地方引入。（　　）

3. 高温钢水与型砂相互作用，极易产生黏砂缺陷，因此铸钢用砂应采用耐火度高的硅砂。（　　）

4. 铸钢件干砂型造型时，采用砂粒较细的面砂，型砂可塑性好，并可得到较光洁的铸件；而背砂使用较粗的砂粒不仅可以提高透气性，而且还可以降低成本。（　　）

5. 铸钢干砂型涂料一般采用铬矿粉，对于重型铸钢件可采用硅粉，涂料以糖浆作黏结剂，便于清砂，且铸钢件表面质量好。（　　）

6. 三相电弧炉主要由炉体、炉盖、电极升降机构与夹持机构、倾炉机构、炉体开出或炉盖旋转机构、电器装置和水冷装置等构成。（　　）

7. 氧化法炼钢操作“熔化期”的任务是将固体炉料迅速熔化成钢液，并进行脱硫处理。（　　）

8. 铸造炼钢生铁要求硫的质量分数小于 0.1%，磷的质量分数小于 0.05%。（　　）

9. 电弧炉炼钢氧化法是最基本的且应用最广的冶炼碳素钢、低合金钢和高合金钢的炼钢方法。（　　）

10. 炼钢过程中“氧化期”的第一阶段主要是造渣脱磷以及除去钢液中的气体和夹杂物，所以这一阶段炉温要高。（　　）

11. 炼钢过程中“还原期”的主要任务是造好还原渣，对钢液进行脱氧、脱硫，调整化学成分，控制好出钢温度。（　　）

12. 对于一般中、小型铸钢件，其浇注速度随着铸钢件质量的增加而增加。（　　）

三、选择题

1. 铸钢与铸铁相比，下列说法中正确的是（　　）。
   A. 焊接性好
   B. 强度较高
   C. 铸造性能差
   D. 塑性和冲击韧性差
   E. 切削加工性等工艺性能好
2. 下列关于铸钢件的结构设计的叙述中，不合理的是（　　）。
   A. 在保证铸件使用性能的前提下，应尽量采用较小的壁厚
   B. 铸件壁厚要均匀，壁厚变化要利于顺序凝固，壁的连接处要平滑过渡或做出圆角，这样可减少铸件的内应力，防止变形和裂纹
   C. 采用铸筋可加强铸件的强度；应尽量减小铸件的大平面，避免浇注时产生冷隔、夹砂结疤等缺陷
   D. 一般应尽量减小热节或将其移到铸件不重要部位
   E. 力求避免深沟、窄隙，以利清砂
3. 下列关于浇注系统开设的叙述中，正确的是（　　）。
   A. 当铸钢件厚薄差别较小时，钢液应从铸件薄的地方引入
   B. 当铸钢件壁厚差别较大时，要使钢液自薄向厚的方向依次定向凝固
   C. 当铸钢件壁薄而尺寸较大时，内浇道可以多开几个，并做到均匀对称
   D. 铸钢件的冒口要比灰铸铁的冒口小
4. 下列对于铸钢件砂型的要求中，不正确的是（　　）。
   A. 铸钢件砂型紧实度要小一些
   B. 颗粒较细的型砂更要舂得紧一些
   C. 干砂型需要喷涂酚醛树脂酒精、刷涂料
   D. 湿砂型为了防止冲砂和黏砂，要在砂型表面喷涂糖浆、纸浆废液、水玻璃或酚醛树脂酒精
5. 铸造炼钢生铁要求硫、磷的质量分数为（　　）。
   A. 硫的质量分数小于0.01%，磷的质量分数小于0.05%
   B. 硫的质量分数小于0.05%，磷的质量分数小于0.1%
   C. 硫的质量分数小于0.02%，磷的质量分数小于0.1%
   D. 硫的质量分数小于0.1%，磷的质量分数小于0.2%
6. 在下列选项中，属于铸造炼钢“熔化期”中的任务的是（　　）。
   A. 造渣脱磷　　B. 脱磷处理
   C. 脱氧、脱硫　　D. 造好还原渣
7. 白渣还原渣适合于熔炼碳质量分数（　　）的钢种。
   A. 不大于0.35%　　B. 大于0.35%
   C. 不小于0.50%　　D. 不大于0.50%
8. 钢液出炉后需要在包中停放一段时间（即镇静时间）的目的是（　　）。

A. 为了控制浇注速度

B. 为了使钢液中的气体有充分的时间上浮

C. 为了使钢液中的气体有充分的时间上浮和夹杂物有充分的时间下降

D. 为了使钢液中的气体和夹杂物有充分的时间上浮

9. 氧化法炼钢操作出钢后，钢液在盛钢桶中镇静（　　）min 以后开始浇注。

A. 5　　B. 10　　C. 15　　D. 20

四、思考题

1. 铸钢件用造型材料有何特点？

2. 铸钢件结构设计的合理性有什么要求？

3. 铸钢件浇注系统的开设有哪些要求？

4. 三相电弧炉的结构有什么要求？

5. 铸钢熔炼设备有哪几种？试简述电弧炉的特点。

6. 三相电弧炉氧化法炼钢熔化期、氧化期、还原期的任务各是什么？

课题三　铸造有色金属的熔炼

一、填空题

1．铸造有色合金具有良好的__________、__________、__________和__________。

2．常用的铸造有色合金有__________、__________和__________。

3．铸造铝合金__________较低，流动中__________损失较小，具有较好的__________。

4．铝合金铸造工艺特点主要包括__________和__________。

5．铜合金铸造工艺特点主要包括__________和__________。

6．锡青铜__________大，有很大的__________、__________和__________。此外，有__________的特点，加上__________的析出，会导致__________的产生。锡青铜的最大优点是__________和__________。

7．锡青铜要尽量提高__________和采用__________原则，创造良好的补缩条件，以利于减小__________和__________，使铸件__________。

8．铝合金浇注金属液自__________流入铸型，保证了流动__________，横浇道两端伸长可以__________。冒口中的金属液是由上层内浇道流入的，这样有利于__________。

9．铜合金的密度比一般铸造合金__________，因此浇注时金属液对砂型的压力__________。为了防止涨砂和得到表面光洁的铸件，舂砂要__________，但不要__________，以免影响__________。

10．铜合金浇注系统的特点：要保证铜液__________；铸型内气体__________；能起到良好的__________；并能控制__________。

11．铝合金的炉料通常由__________、__________及__________等组成。

12．铝合金熔剂可以溶解和吸附铝液中的__________，使铝液与__________隔离，减少合金的__________和__________作用。

13．铸造铜合金的辅助材料有__________、__________和__________。

14．对于铸造铜合金，覆盖剂能起到__________作用；氧化剂能起到__________作用；精炼剂具有__________或__________，并__________的能力。

15．对于铸造非铁合金的熔炼炉，根据其结构和热源的不同，有__________、__________和__________等多种炉型。

16．感应电炉的优点是__________最高，操作卫生安全，适用于__________熔炼。但是__________，__________，电涡流搅动增大了合金液的__________和__________等。

17．所有的铸造铝合金均需进行精炼，以除去其中的__________和__________。

18．铜合金精炼是往合金中加入__________与__________，生成低熔点__________，从而从合金液中清除。

二、判断题

1．铸造有色合金有铝合金、铜合金和轴承合金。　　（　　）

2. 要尽量提高锡青铜的冷却速度和采用定向凝固原则，创造良好的补缩条件，以利于减小凝固温度范围和补缩，使铸件组织致密。（　　）

3. 为了防止氧化和除去氧化夹杂物，在熔炼时，要减速熔炼过程、多搅拌、覆盖好液面。（　　）

4. 坩埚炉的热源较广，但是坩埚炉的热效率低，不容易获得高温。（　　）

5. 电弧炉是通过熔池上方两个石墨电极间产生的电弧加热熔化炉料的。（　　）

6. 铝合金铸件一般不用涂料。（　　）

7. 硅高的铝合金需要进行变质处理，以达到细化组织、提高力学性能的目的。（　　）

8. 铝合金的熔点在550～630℃之间，浇注温度通常为570～650℃。（　　）

9. 当使用坩埚时，不要把坩埚长时间地放在炉内，当金属液达到浇注温度后，要立即浇注。（　　）

10. 铝合金浇注总的原则如下：在保证铸件成型的前提下，浇注温度越低越好。（　　）

11. 铜合金熔炼加料顺序如下：先加入占炉料质量最多的铜和易熔合金，然后再加入难熔合金。（　　）

12. 当铜合金的熔点在1 000～1 060℃时，浇注温度一般在1 060～1 200℃之间。（　　）

13. 未经预热的工具不得接触铜液，以避免带入因放热产生的气体。（　　）

三、选择题

1. 下列关于铸造铝合金的铸造性能及铸造工艺要点的叙述中，不正确的是（　　）。

A. 流动性好　　B. 极易氧化

C. 吸气性较强　　D. 不易产生缩孔、缩松和热裂等缺陷

2. 在下列选项中，不是铸造铝青铜的缺点的是（　　）。

A. 收缩大、易氧化

B. 产生缩孔倾向

C. 产生较大的铸造应力和冷裂倾向

D. 高温时不易氧化

3. 下列关于反射炉的叙述中，正确的是（　　）。

A. 反射炉的容量比较小

B. 熔化速度较慢

C. 热效率较低

D. 设备较简单，劳动条件较好

4. 下列关于浇注系统的特点的叙述中，正确的是（　　）。

A. 浇口附近先凝固，远离浇口的地方后凝固

B. 较小的铸件最好开设环形横浇道，多开设内浇道

C. 使金属液较慢地流入型腔

D. 由于金属液易氧化，因此应在浇注系统中安排有过滤作用的浇口组

5. 在下列选项中，不符合铜合金铸造用砂要求的是（　　）。

A. 要求造型材料强度高，并具有好的透气性和耐火性

B. 造型用砂颗粒要细

C. 采用湿型也可用煤粉砂做面砂，干砂型涂料用滑石粉

D. 对芯砂的要求，为了提高湿强度，可加入少量面粉、糖浆；为了提高干强度，可采用油类黏结剂

6. 熔炼铝合金最常用的设备是（　　）。

A. 感应电炉　　B. 坩埚炉　　C. 反射炉　　D. 电弧炉

7. 下列关于铝合金变质剂的说明中，不正确的是（　　）。

A. 用在硅少的铝合金的变质处理，以达到细化组织、提高力学性能的目的

B. 用在硅高的铝合金的变质处理，以达到细化组织、提高力学性能的目的

C. 常用的一种变质剂是氟化钠 67%、氯化钠 33% 的混合物

D. 另一种常用的变质剂是氟化钠 25%、氯化钠 62.5%、氯化钾 12.5% 的混合物

8. 铝合金的浇注温度通常为（　　）℃。

A. 550～630　　B. 600～650

C. 680～760　　D. 800～880

9. 下列关于铝合金熔炼时的装料顺序原则的叙述中，不正确的是（　　）。

A. 当用铝锭和中间合金时，首先装入铝锭，然后加入中间合金

B. 当用预制合金锭熔化时，首先装入预制合金锭，然后补加所需数量的铝和中间合金

C. 当炉料由回炉料和铝锭组成时，首先熔化回炉料，然后熔化铝锭

D. 当坩埚容量足以同时装入几种炉料时，首先装入熔点相近的成分，然后加入低熔点炉料

E. 当连续熔化时，坩埚应剩余一部分铝液，以加速下一炉的熔化

F. 当采用覆盖熔剂时，开始熔化时就加入熔剂

10. 下列关于铝合金的浇注要求的叙述中，不正确的是（　　）。

A. 铝液倒入浇包要注意挡渣、要不停地搅动

B. 铝液自出炉到浇注，时间应尽量缩短

C. 在保证铸件成型的前提下，浇注温度越低越好

D. 浇注速度要适中，要考虑到铝液的流动性，防止产生冲击、飞溅

E. 浇注时，包嘴靠近浇注系统，保持浇注平稳、不中断

11. 铜合金的浇注温度一般在（　　）℃之间。

A. 1 060～1 200　　B. 1 000～1 100

C. 1 200～1 250　　D. 1 020～1 100

12. 下列关于铜合金的浇注的叙述中，不正确的是（　　）。

A. 未经预热的工具不得接触铜液，以避免爆炸和带入气体

B. 熔炼后，要静置 5 min 再浇注，以增加稳定性

C. 铁质工具在铜液中停留的时间不宜太长，并刷上涂料

D. 浇注时，直浇道要保持充满，不得中断，浇注系统的距离尽量要小

四、思考题

1. 铸造铝合金、铸造铜合金的铸造性能有哪些？

2. 铝合金的铸造工艺特点有哪些？

3. 铝合金的造型用砂必须具备哪些要求？

4. 铜合金的造型用砂必须具备哪些要求？

5. 铸造合金的熔炼设备有哪些？使用较广的炉型是哪一种？它有哪些特点？

6. 熔炼铜合金的辅助材料有哪些？它们各自的作用是什么？

7. 铝合金熔炼时的装料顺序原则是什么？

8. 使用坩埚时的注意事项有哪些？

第九单元　铸型浇注与铸件的落砂、清理

课题一　铸 型 浇 注

一、填空题

1. 浇包是用来__________、__________和__________的容器。当浇注中、小型铸件时，常用__________和__________；当浇注中、大型铸件时，常用__________。

2. 为了浇注安全和减少工人的劳动强度，浇包的重心要稍低于__________，浇包的高度与__________内径（搪材料后）之比是__________。

3. 浇包修补时，首先应将__________清除干净。

4. 在进行浇包修补时，要特别注意浇包嘴的修理质量，以保证金属液流出时呈__________形。

5. 浇包搪好后要__________，要检查__________是否彻底，表面质量是否符合要求，包的转动部分的操纵是否灵活可靠。

6. 检查浇包，当存在如下情况时，均不得使用：1）__________；2）__________；3）__________；4）__________；5）__________。

7. 抹箱是指对铸型合型后__________用__________抹死。

8. 挡渣工具要特别注意__________与__________，切勿使其__________或__________。在与金属液接触前，要预先__________，否则，__________插入金属液时会产生__________。最好把与金属液接触部分刷一层__________，以免被高温金属液熔蚀。

9. 铸型所需金属液的质量由__________质量和__________质量两部分组成。铸件质量为零件__________、__________、__________的总和；浇冒口质量包括__________和__________的质量。

10. 铸型所需金属液质量的计算步骤与方法如下：1）__________；2）__________；3）__________；4）__________；5）__________。

11. 当浇注温度过高时，会使铸件__________增大、晶粒__________，但能增加__________。当浇注温度过低时，金属液__________差、__________差，金属液内的气体不易排出，铸件易产生__________、__________和__________等缺陷。

12. 对于灰铸铁而言，一般的经验是__________温熔炼、__________温浇注。

13. 灰铸铁的浇注温度与牌号有关，高牌号的铸铁件采用较__________的浇注温度。

14. 较低的浇注速度能增大铸件__________，有利于铸件的__________，有利于__________。但浇注速度过低，铸件易产生__________、__________及__________等缺陷。

15. 浇注速度的快慢，主要是由__________来控制的，浇注速度一般用__________

表示。

16．小铸件的浇注操作技术包括＿＿＿＿＿、＿＿＿＿＿、＿＿＿＿＿、＿＿＿＿＿。

17．浇注中如发生跑火，应立即用＿＿＿＿＿堵住＿＿＿＿＿或增加＿＿＿＿＿、＿＿＿＿＿等。同时，还要保持＿＿＿＿＿浇注，不能＿＿＿＿＿，堵住后＿＿＿＿＿浇注。

18．铸铁件的浇注顺序如下：冲天炉开始熔化的铁液由于＿＿＿＿＿、＿＿＿＿＿，只能浇注＿＿＿＿＿和＿＿＿＿＿铸件；中期高温铁液则适宜用来浇注＿＿＿＿＿和＿＿＿＿＿铸件。

19．浇注前，浇注工具如挡渣棒、火钳、铁棍等都要＿＿＿＿＿，防止＿＿＿＿＿。

20．浇包中的金属液不能盛得太满，一般不超过容积的＿＿＿＿＿。

二、判断题

1．浇包的外壳是用钢板制成的，厚度一般为 2～12 mm。（　）

2．浇包如果不烘干，在浇入金属液后会吸收热量而降低铁液温度，还会因金属液的沸腾而增加吸气，使铸件产生气孔。（　）

3．浇注时，准备金属液的质量还要考虑浇注过程中胀箱、跑火等金属液的损失，故浇包内准备的金属液比铸型所需金属液质量要重 2%～10%。（　）

4．灰铸铁高温熔炼、低温浇注，既有利于除渣和细化石墨，又可以避免由于高温浇注所带来的不利现象。（　）

5．较快的浇注速度能使金属液迅速地充满铸型，减少金属的氧化，因此越快越好。（　）

6．吊包中盛的金属液不能太满，其液面应低于包口 100 mm 左右，抬包液面应低于包口 60 mm 左右。（　）

7．一般情况下，湿型的浇注速度比干型要慢些。（　）

8．金属液在包内除渣后要撒上一层稻草灰保温。（　）

9．铸型浇满后，在浇、冒口上面也要盖上一层干砂、稻草灰，其目的是为了隔绝空气，防止氧化。（　）

10．浇包要搪上一层一定厚度的内衬，以保证外壳不致因高温金属液的作用而熔化，并具有保温作用。（　）

11．1 t 以上的大型浇包，需要先在包壳内搪一层硬材料（俗称挂一层老瓷），待硬材料晾干后再搪一层软材料，最后涂一层涂料。（　）

12．地面造型只能用高度较低、面积较大的成型压铁直接压在砂型上进行紧固。（　）

13．当浇注温度过低时，会使铸件缩孔体积增大、晶粒变粗，但能增加补缩能力。（　）

14．形状简单的厚实铸件，宜采取慢速浇注。（　）

15．用较快的浇注速度浇注，金属液对砂型的冲刷力大，易产生冲砂。（　）

16．浇注时，在砂型的排气孔和冒口处用刨花或废纸片点燃引气，或用红热的挡渣棒引气。（　）

17．浇注温度依据合金成分、铸件质量、壁厚、结构特点、铸型条件等因素综合考虑来

确定。 (   )

三、选择题

1. 浇注中、小型铸件时，常用（　　）。

   A. 手端包　　B. 抬包　　C. 吊包　　D. 手端包和抬包

2. 浇包要搪上一层一定厚度的内衬，其作用是（　　）。

   A. 保证外壳不致因高温金属液的作用而熔化

   B. 保温

   C. 保证外壳不致因高温金属液的作用而熔化，并具有保温作用

   D. 保持浇包的平衡

3. 下列对浇包的结构说法中，不正确的是（　　）。

   A. 浇包要搪上一层一定厚度的内衬，以保证外壳不致因高温金属液的作用而熔化，并具有保温作用

   B. 30 kg 以下的小浇包内衬一般在包壳内直接搪上一层软材料

   C. 1 t 以下的浇包应先搪一层硬材料，再搪一层软材料

   D. 1 t 以上的大型浇包应先砌一层耐火砖再搪一层软材料

   E. 铸钢浇包应先搪一层硬材料，再搪一层软材料

4. 下列浇包的修砌说法中，不正确的是（　　）。

   A. 小浇包的修砌是指先在包内搪一层硬材料，再在软材料的表面涂一层涂料

   B. 1 t 以下的中型浇包，需要先在包壳内搪一层硬材料（俗称挂一层老瓷），待硬材料晾干后再搪一层软材料，最后涂一层涂料

   C. 1 t 以下的中型浇包，硬材料是保护层，可以防止液态金属把包壳烧穿；软材料是工作层，由于它直接接触铁液，所以既要保温又要便于清理残渣

   D. 1 t 以上的大型浇包，要先在包壳内敷上一层石棉板，再砌耐火砖，最后在耐火砖上搪一层软材料并涂上涂料

5. 下列对浇包的预热、烘干及检查的描述中，不正确的是（　　）。

   A. 如果不烘干，在浇入金属液后会因吸收热量而降低铁水的温度

   B. 如果不烘干，还会因金属液的沸腾而增加吸气，使铸件产生气孔

   C. 修包材料的水分要尽量少，修好后用大火烘烤

   D. 烘烤可以用木炭、木柴或烘炉进行

6. 在下列选项中，确定浇注温度的依据不包括（　　）。

   A. 合金的成分　　B. 铸件的质量、壁厚、结构特点

   C. 气候因素　　D. 铸型条件

7. 下列对选择浇注速度的描述中，不正确的是（　　）。

   A. 薄壁、形状复杂的铸件，要采取快速浇注

   B. 有较大平面的铸件，要采取快速浇注

   C. 形状简单的厚实铸件，宜采取慢速浇注

   D. 干砂型的浇注速度比湿型要快些

8. 下列对小铸件的浇注操作技术的描述中，不正确的是（　　）。

A. 浇包内铁液不宜太满，行走时，要把浇包置于行走位置的前方

B. 浇注前，要清除金属液表面的熔渣；除渣时，要从浇包的后面或侧面将熔渣刮出，以避免碰坏包嘴

C. 浇注时，在砂型的排气孔和冒口处用刨花或废纸片点燃引气，或用红热的挡渣棒引气

D. 浇注开始和将要浇满时，都要放慢速度，以防止金属液飞溅和减少抬箱力

9. 下列对大、中型铸件的浇注操作技术的描述中，不正确的是（　　）。

A. 吊包中盛的金属液面应低于包口 50 mm 左右，抬包液面应低于包口 100 mm 左右

B. 在浇注的过程中，要始终保持浇注系统充满，不得中断，不得使金属液造成飞溅和漩流

C. 浇注时，要设专人挡渣或兼浇注指挥

D. 浇包的包嘴要对准浇口杯，为了避免造成飞溅和保持一定的压力，要随时调节包嘴与浇口杯的距离，以保持浇注的稳定

10. 下列对铸铁件浇注顺序的描述中，正确的是（　　）。

A. 开始熔化的铁水只能浇注小铸件和薄壁复杂的铸件

B. 开始熔化的铁水只能浇注芯骨和不重要的铸件

C. 中期高温铁水适宜用来浇注不重要的铸件

D. 中期高温铁水适宜用来浇注大铸件和不复杂的铸件

11. 下列对浇注安全技术规程的描述中，不正确的是（　　）。

A. 挡渣工的站立位置不能正对包嘴

B. 铸型的放置要方便浇注工作的进行，最好浇口排成一行，铸型按一定规律放置，不得杂乱无章

C. 起重设备、运输设备、浇包的转动机构要灵敏正常

D. 浇包中的金属液不能盛得太满（一般不超过容积的 90%），浇包起放应平稳协调

E. 浇注工具如挡渣棒、火钳、铁棍等都要预热，防止接触金属液时造成飞溅伤人

四、计算题

根据如下所示的支架铸造工艺图，计算铸型所需金属液的质量。

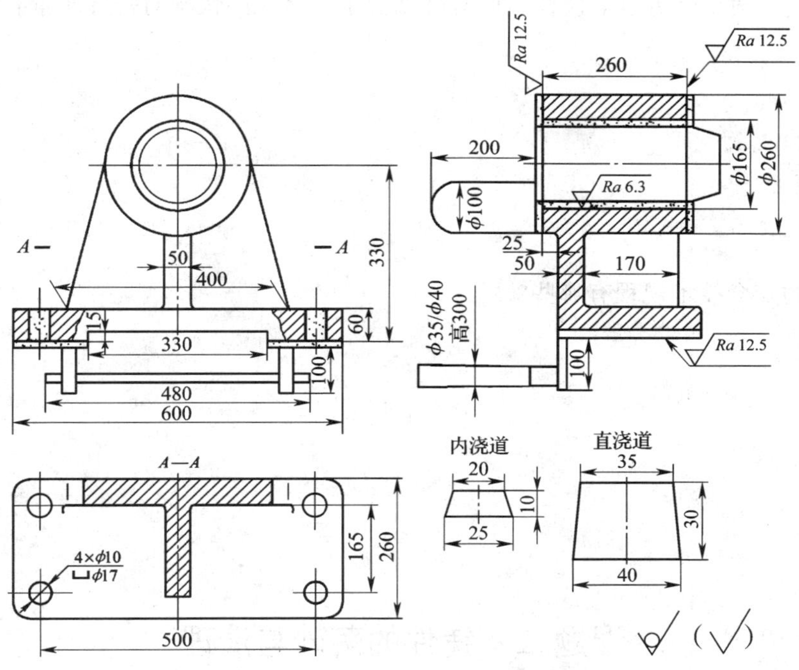

五、思考题

1. 常用的浇包有哪几种？比较它们的特点及应用场合。

2. 浇注前，浇包为什么要烘干和预热？

3. 浇包经过检查后仍然存在哪些情况时不得使用？

4. 浇注时，对浇注温度、浇注时间有什么要求？浇注的快慢对铸件质量有什么影响？

5. 浇注的安全技术规程有哪些？

课题二　铸件的落砂与清理

一、填空题

1. 砂型浇注后，用手工或机械使__________、__________和__________分开的工序叫落砂，又叫开箱或打箱。

2. 手工落砂使用的工具有__________、__________和__________。

3. 铸件在砂型中冷却到__________℃时进行落砂处理。

4. 砂芯的清理就是在落砂后，从铸件中去除__________和__________。

5. 清除砂芯的方法有__________、__________、__________以及__________等。

6. 若铸件的入水温度过高，易产生__________；若铸件的入水温度过低，则__________。

7. 确定铸件温度的方法有__________、__________、__________和__________4 种。

8. 变色笔测温法是根据笔中的__________在一定温度下起变化的特性来指示温度的。

9. 水爆操作入水后的引爆一般是__________产生的。另外，也可将__________与__________放在一起同时入水，利用__________来进行引爆。

10. 水爆操作铸件在水中停留时间要短，一般控制在__________s 之内。

11. 对于铸铁件的粗大浇冒口和铸钢件的浇冒口一般采用__________直接除去。

12. 铸件的表面清理是指在清除芯砂、芯骨及浇冒口后，还要去除铸件__________、__________及__________处的__________、__________、__________等。

13. 目前，表面清理设备使用较多的有__________、__________、__________等。

14. 滚筒机械清理是利用__________与__________之间和__________与__________之间的__________来除去铸件表面的黏砂、氧化皮。

15．装筒时，不宜把__________铸件同__________铸件__________装入滚筒，以防清理时薄件被碰坏。

16．抛丸滚筒清理是在滚筒清理的基础上，再利用__________将__________抛向滚筒内不断翻动的铸件，从而达到清理的目的。

17．清理滚筒的操作，清理时间为__________，视__________及__________情况确定清理时间的长短。

18．打磨铸件表面的砂轮机有__________、__________和__________3 种。

19．砂轮材料应根据__________选定，一般铸件材质越__________，砂轮材料就应越__________；反之，铸件材质越__________，砂轮材料就应越__________。

20．按工艺目的不同，铸铁热处理主要可以分为__________、__________和__________。

21．消除内应力的低温退火是指将铸件缓慢加热到高于铸铁__________的温度范围进行__________，然后再缓慢地冷却到__________的温度范围内出炉__________，也叫人工时效处理。

22．在进行人工时效处理时，应注意如下几个问题：1）__________；2）__________；3）__________；4）__________。

二、判断题

1．对于铸件在铸型中的停留时间，生产中称之为落砂时间或开箱时间。（　）

2．在使用落砂机落砂时，不要把湿型砂、干型砂、自硬砂等混在一起，应分别落砂，分别堆放。（　）

3．一般黑色金属落砂时铸件的温度应在相变温度以下 100～150℃；有色金属应在 400℃以下。（　）

4．手工除砂用大锤或榔头敲击铸件使靠近铸件的芯砂震落时，用力要大，锤头落下要平，敲击点应在铸件直线及大平面处。（　）

5．铸件内腔的各个角落及较狭窄的部位，芯砂不易震落，应用风铲或铁钎仔细铲除。（　）

6．水力清砂设备操纵室前方的喷枪 9 和 10 结构基本相同（见教材），喷枪 10 的高压水对清砂起切割作用，喷枪 9 的大流量水起冲刷作用，两枪并联使用，生产效率较高。（　）

7．水爆清砂工艺是指将浇注后冷却到一定温度的铸件，从铸型中吊出，连同附带的型砂和砂芯一起浸入水池中，使水渗入砂芯中去，利用铸件余热使水迅速气化、增压、发生爆炸，最后砂子从铸件上自行剥落下来。（　）

8．将少量氯化钠盐撒于铸件表面，熔化了，即确定铸件表面温度为 650℃左右。（　）

9．水温低，铸件冷却快，易产生裂纹，但水爆效果好一些；水温高，增加水的初期气化速度，影响水的渗透力，对水爆效果不利。（　）

10．水爆后的铸件要采取空冷措施，一般将铸件分散堆放在避风处散热。（　）

11．手工表面清理对于铸件内壁不便用长工具清理时，可以用短小钢钎或锤子敲击；对于黏砂严重的铸件表面，可采用手提砂轮打磨清理。（　）

12．铸件的表面修整是指铸件经表面清理后，去除铸件表面的飞边、毛刺、浇冒口的余痕以及个别部位的黏砂。（　　）

13．砂轮材料应根据铸件的材质选定，一般情况下，铸件的材质越硬，砂轮的材料就应越硬；铸件的材质越软，砂轮材料就应越软。（　　）

14．对于铸铁件的易折浇冒口，应采用锤子敲击直接除去。（　　）

15．所谓消除内应力的低温退火，是指将铸件缓慢加热到高于铸铁塑性变形的温度范围进行保温，然后再缓慢地冷却到弹性变形的温度范围内出炉空冷，也叫人工时效处理。（　　）

三、选择题

1．下列关于落砂时间的叙述中，正确的是（　　）。

A．落砂时间过长，铸件温度过高，容易使铸件表面过硬，难以机械加工，也易使铸件产生变形、裂纹等缺陷

B．落砂时间过短，又会影响砂箱等工具的周转和造型面积的充分利用

C．适宜的落砂时间应根据铸件的大小、复杂程度和合金的种类来确定

D．一般黑色金属落砂时，铸件的温度在300℃以下；有色金属应在相变温度以下150～200℃为宜

2．下列对于落砂方法和落砂设备选择，不正确的是（　　）。

A．在单件、小批量生产和普通机械化造型流水线上，通常用捅箱机和落砂机进行落砂

B．在半自动化或自动化造型流水线上，进行砂箱和铸件的落砂

C．在无箱造型流水线上，落砂可用振动落砂机或落砂滚筒完成

3．下列关于水力除砂的叙述中，不正确的是（　　）。

A．水力除砂是利用高压水束喷射铸件，清除黏附砂子的方法

B．这种清砂方法，清理效率高，清砂质量好

C．基本上没有灰尘飞扬，而且噪声小，劳动条件好

D．只适合清除用油类、纸浆、合脂等有机黏结剂的中、小型铸件的砂芯

4．下列关于水力清除砂型（芯）的操作中，不正确的是（　　）。

A．水力清砂前，铸件必须冷却到50℃以下，以防温度高时，在水的激冷下产生裂纹

B．在进行清砂操作时，应先开水枪，待其空载运行正常后，再开高压水泵进行操作

C．当操作水枪时，喷嘴离被清理的型（芯）砂平面不要太远，一般为200～600 mm

D．水枪的前后移动机构在不运动时，必须锁紧，以防开水枪时，在高压水的作用下突然向后运动伤人

E．停车前，应先打开卸水阀，然后切断电源停车

5．下列关于水爆清除砂芯的叙述中，不正确的是（　　）。

A．将浇注后冷却到一定温度的铸件，从铸型中吊出，连同附带的型砂和砂芯一起

浸入水池中，使水渗入砂芯中去

B. 利用铸件余热使水迅速气化、增压、发生爆炸，最后砂子从铸件上自行剥落下来

C. 若铸件的入水温度过高，易产生裂纹；若铸件的入水温度过低，则不易起爆

D. 铸件在砂型中的温度由铸件的复杂程度决定：形状复杂、芯子较大、材质较脆的铸件为 250 ~ 450℃；形状简单、芯子较小，且无收缩阻碍的铸件为 150 ~ 350℃

6. 下列关于用目测法观察铸件红热程度来判断温度的叙述中，正确的是（　　）。

A. 颜色红白色（稍耀眼），温度 1 000℃以上

B. 颜色火红色，温度 800 ~ 900℃

C. 颜色深红色，温度 600 ~ 700℃

D. 颜色暗红色，温度 450 ~ 500℃

E. 颜色紫红色，温度 350 ~ 400℃

F. 颜色发黑色，温度 350℃以下

7. 用变色笔测温法在铸件表面画笔痕，结果正确的是（　　）。

A. 若 2 s 内笔痕不变色，则说明铸件温度高于该笔指示温度

B. 若笔痕立即烧掉，则说明铸件温度低于该笔所指示温度

C. 若笔痕变色，则说明所测铸件温度正是该笔所指示温度

8. 根据熔盐熔化情况确定铸件表面温度，正确的是（　　）。

A. 氯化钠 500℃　　B. 碘化钾 460℃

C. 硝酸钾 334℃　　D. 溴化钾 398℃

9. 水爆池中水温为（　　）。

A. 夏天控制在 30℃左右　　B. 冬天控制在 40℃左右

C. 夏天控制在 20℃左右　　D. 冬天控制在 50℃左右

10. 下列对清理滚筒的操作装料描述中，不正确的是（　　）。

A. 铸件与星铁比为 2:1

B. 装入量占滚筒容积的 70% ~85%

C. 铸件与星铁分层交替搭配装入

D. 对于扁平薄壁铸件可将加入量增加到 85% ~90%，铸件与星铁比为 2:3

11. 下列关于滚筒表面清理的操作注意点描述中，正确的是（　　）。

A. 同类型小铸件及薄而长的铸件可集中装入

B. 装筒时，不宜把薄的铸件同重而厚的铸件同时装入滚筒，以防清理时薄件被碰坏

C. 铸件装入量一般不得超过滚筒容积的 80%

D. 在滚筒内加入铸件质量 6% ~15% 的星形铁是用可锻铸铁铸成，其大小取决于铸件的形状和尺寸，一般为 10 ~20 mm

12. 下列关于使用抛丸清理滚筒的注意点的描述中，不正确的是（　　）。

A. 抛丸器一套叶片的质量差不超过 5 g，在同一直径上的一对叶片质量差不超过 6 g

B. 在抛丸机内循环的铁丸应干净，像铁片、碎铁丸、砂子、灰土等杂物不能多于

15%，一般使用的铁丸粒度为 1.5 ~2.5 mm

C. 清理时，铁丸的抛出量可视铸件的大小、形状而定，一般是由少增多，在正常操作时，可控制在 60 ~70 kg/min 为宜

13. 下列关于砂轮机表面打磨的操作技术描述中，不正确的是（ ）。

A. 砂轮材料应根据铸件材质选定，一般铸件材质越硬，砂轮材料就应越软

B. 打磨前，应用木锤轻轻敲砂轮，如声音清脆，便可使用；如声音破杂，则砂轮有裂纹，应停止使用，并进行更换

C. 一般砂轮的圆周线速度可控制在 40 ~55 m/s

D. 打磨时，应逐渐用力，如发现异常声音，应停机检查

四、思考题

1. 落砂时，为什么要控制铸件在铸型中的停留时间？

2. 机器落砂的操作要求和使用落砂机落砂时的注意点有哪些？

3. 清除砂芯的方法有哪些？手工除砂的方法如何？

4. 水爆清砂的工艺是什么？

5．用砂轮机打磨铸件时，应注意哪些问题？

6．铸铁热处理主要可以分为哪些？

第十单元　特种铸造简介

课题一　金属型铸造

一、填空题

1. 金属型铸造是用__________、__________或__________制成__________以生产__________的一种铸造方法。

2. 由于金属型成本较高，因此其多用于__________或__________。

3. 金属型的工艺规范包括金属型的__________、__________、__________、__________等内容。

4. 未预热的金属型不能浇注，否则铸件会产生__________、__________、__________、__________等缺陷。

5. 金属型的预热温度随__________、__________及__________而定。

6. 在金属型的工作表面涂刷涂料，其作用如下：__________；__________；利用涂料层__________。

7. 涂料主要材料有__________、__________、__________、__________。

8. 由于金属型壁的导热能力强，因此如果浇注温度过低，将会导致铸件产生__________、__________、__________等缺陷。

9. 由于金属型的激冷作用和不透气，因此浇注速度应采取__________、__________、__________的顺序。

10. 铸件在型内停留时间过长，温度过低，收缩__________，则铸件应力__________，易产生__________，取出铸件的困难也__________，还会降低__________；若停留时间过短，则因铸件强度__________，易产生__________。

11. 金属型铸造结构工艺性的好坏是保证__________、发挥金属型铸造优点的__________。

12. 金属型本身无透气性，必须采用一定的措施导出型腔中的__________和砂芯所产生的__________。

13. 金属型铸造主要适用于__________的大批量生产。

14. 覆砂金属型可用于生产__________、__________或__________，其技术经济效益显著。

二、判断题

1. 未预热的金属型不能浇注，否则铸件会产生冷隔、浇不到、夹杂、气孔等缺陷。（　　）

2. 在金属型的工作表面涂刷涂料的作用如下：调节铸件的冷却速度；保护金属型；利用涂料层蓄气排气。 （　）

3. 在金属型的工作表面涂刷涂料的目的是为了防止铸件黏砂。 （　）

4. 采用金属型铸造，浇注温度一般比砂型铸造稍低。 （　）

5. 由于金属型没有退让性，因此铸件宜迟些从金属型中取出。 （　）

6. 金属型的热导率和热容量大，冷却速度快，铸件的组织致密，力学性能比砂型铸件高。 （　）

7. 金属型铸造适用于单件、小批量生产的铸件。 （　）

8. 金属型铸造就是用金属模样制造铸型，经浇注后获得金属铸件的方法。 （　）

9. 金属型预热温度过高会降低金属铸型的寿命。 （　）

10. 金属型预热温度过低会降低金属铸型的寿命。 （　）

11. 目前，金属型铸造多以生产非铁金属铸件为主。 （　）

12. 为了提高金属型的使用寿命，金属型壁厚越厚越好。 （　）

13. 由于金属型壁的导热能力强，因此如果浇注温度过低，将会导致铸件产生冷隔、气孔、夹杂等缺陷，所以，金属型的浇注温度一般比砂型铸造时稍高。 （　）

14. 由于金属型的激冷作用和不透气性，因此浇注速度应采取先慢、后快、再慢的顺序。 （　）

三、选择题

1. 特种铸造方法一般适用于（　　）生产的铸件。
   A. 单件　　B. 特种方法　　C. 小批量　　D. 大批量

2. 在重力作用下，将熔融金属浇入金属型获得铸件的方法称为（　　）。
   A. 离心铸造　　B. 金属型铸造　　C. 低压铸造　　D. 真空吸铸

3. 当金属型存在未超过金属型材料的抗拉强度的较大铸造应力时，会产生（　　）。
   A. 裂纹　　B. 网裂　　C. 变形　　D. 内裂

4. 由于金属型的激冷作用和不透气性，因此浇注速度应采取（　　）的顺序。
   A. 先慢、后快、再慢　　B. 先快、后慢、再快

四、思考题

1. 什么是金属型铸造？

2. 为什么在浇注前要对金属型进行预热？预热的方法有哪些？

3．金属型铸造结构工艺性应遵循什么原则？

4．金属型选择浇注位置的原则有哪些？

5．金属型铸造有哪些优缺点？适宜浇注哪些金属？

6．简述金属型铸造的应用范围。

课题二　压力铸造

一、填空题

1．__________和__________充填铸型是压铸的两大特点。

2．压力铸造的实质是在__________作用下，将__________或__________金属以__________充填入金属铸型型腔，并在__________作用下凝固而获得铸件的方法。

3．按压铸机种类，可分为__________和__________。

4．在压铸生产中，__________、__________及__________是压铸生产工艺过程的3个基本要素。

5. 压力和速度是压铸过程中的两个基本工艺参数，生产中常用__________和__________来表示。

6. 充型时间与压铸件的__________、__________和__________以及__________和__________等因素有关。

7. 充型时间主要是通过控制__________、__________或__________来实现。

8. 压铸用涂料一般由__________或__________及__________组成。

二、判断题

1. 目前，压力铸造多以生产黑色金属铸件为主。（　　）
2. 特种铸造是指与砂型铸造不同的其他铸造方法。（　　）
3. 与砂型铸造相比，特种铸造铸件的尺寸精度较高，表面粗糙度值较低。（　　）
4. 与砂型铸造相比，特种铸造铸件的力学性能、内部质量较好。（　　）
5. 特种铸造方法一般适用于单件生产的铸件。（　　）
6. 对于形状简单的厚壁铸件以及当浇注温度与压铸型的温度差较小时，充型时间可以长；反之，充型时间应短。（　　）

三、选择题

1. 冷压室压铸适用于压铸各种非铁合金和黑色金属，其中（　　）适用于非铁金属压铸，黑色金属压铸则宜采用（　　）。

A. 立式和卧式压铸

B. 卧式压铸

C. 立式压铸

2. （　　）是压铸与其他铸造方法的根本区别。

A. 高压、高速　B. 低压、高速　C. 高压、低速　D. 低压、低速

3. 压铸件上靠近表面的一层金属晶粒（　　）。

A. 较细　B. 较粗

4. 压铸件上靠近表面的一层金属组织（　　）。

A. 致密　B. 疏松

5. 热压室压铸适用于各种（　　）合金。

A. 高熔点　B. 低熔点

四、思考题

1. 压力铸造的优点有哪些？

2. 压力铸造的不足有哪些？

3. 压力铸造的应用范围是什么？

4. 对涂料组成物的要求有哪些？

课题三 熔模铸造

一、填空题

1. 熔模铸造是一种________铸造方法，又称“________”或“________”。

2. 熔模铸造是以________为模料制成模样，在模样上用涂挂法制成由________与________组成的多层型壳，待________硬化后，再加热使________熔化后流出，形成铸型。脱蜡后的型壳经________便可浇注。最后经________，去除________等清理工序后即可得到铸件。

3. 压型型腔的尺寸精度与表面粗糙度决定了熔模所能达到的________和________，从而也影响到铸件的________和________。

4. 熔模铸造需采用________模型，这种模型只能使用________次，每生产一个铸件就需要消耗________个熔模。

5. 石脂－硬脂酸模料的制备工序流程如下：________→________→________→________→________→________→________。

6. 当室温超过蜡模的软化点时，蜡模会发生________，室温过低又将使它________而________。

7. 目前，常用的制壳方法是用________制成多层型壳。

8. 制壳材料主要为粒状、粉状的________和________。

二、判断题

1. 熔模铸造适宜浇注中、大型厚壁精密铸件。 (　　)

2．熔模铸造所得铸件的尺寸精度高，而表面粗糙度值低。（　　）

3．焙烧好的型壳最好立即浇注，这样对金属液充填有利。（　　）

4．焙烧的目的是为了去除型壳中的挥发物，以减少型壳在浇注时的发气性。（　　）

5．熔模铸造需采用可熔性模型，这种模型只能使用一次，每生产一个铸件就需要消耗一个熔模。（　　）

6．熔模质量的好坏将直接影响铸件的质量。（　　）

7．为改善涂料对模料的润湿能力，涂挂前可先把模组用肥皂水等进行清洗，以除去表面油脂物质。（　　）

8．经脱蜡后的型壳必须经高温（800～860℃）焙烧后才能进行浇注。（　　）

9．为了保证铸件有足够高的精度（这对无余量精铸件尤为重要），必须采用热膨胀量小而均匀的耐火材料。（　　）

10．熔模铸造几乎不受合金种类的限制。（　　）

11．熔模铸造铸件尺寸精度高，表面粗糙度好。（　　）

三、选择题

1．熔模铸造，可以铸造（　　）的铸件。

A．形状复杂　　B．形状简单

2．熔模铸造适用于批量（　　）生产。

A．没有限制　　B．小　　C．大

3．熔模铸造适宜浇注（　　）精密铸件。

A．大型　　B．中型　　C．小型

4．对于大批量生产的铸件，压型一般采用（　　）经机械加工制成。

A．碳钢　　B．低熔点合金　　C．石膏、菱苦土等非金属

5．对于批量较小的铸件，其压型可用（　　）用浇铸法制成。

A．碳钢　　B．低熔点合金　　C．石膏、菱苦土等非金属

6．对于小批量试制，精度、粗糙度要求不高的铸件，其压型可采用（　　）材料制成。

A．碳钢　　B．低熔点合金　　C．石膏、菱苦土等非金属

7．熔模铸造铸件冷却速度（　　），容易引起晶粒（　　）。

A．慢　　B．快　　C．粗大　　D．细小

四、思考题

1．什么是熔模铸造？

2．熔模铸造有何优缺点？

3．熔模铸造的主要工艺过程有哪些？

课题四　离 心 铸 造

一、填空题

1．离心铸造是指熔融金属浇入绕__________、__________或__________旋转放置的铸型，在__________作用下凝固成形的__________与__________一致的铸造方法。

2．铸件多是简单的__________，不用芯子形成圆筒__________。

3．离心力使液态金属在凝固时保持__________，帮助__________，加速__________和__________，并__________，因而铸件组织较__________，晶粒__________，力学性能__________。

4．离心铸造机是适合于不同离心铸造方法用的机器，通常由__________和__________组成。

5．离心铸造机根据放置轴在空间的位置不同，分为__________、__________和__________3 种。

6．在进行离心铸造时，金属液的定量方法有__________和__________两种。

7．离心铸造机的转轴处于__________，称立式离心铸造机；离心铸造机的转轴处于__________，称卧式离心铸造机。

8．离心铸造时铸型所采用的__________，它是重要的工艺参数，关系到__________的大小，直接影响__________。

9．金属铸型是离心铸造的重要工装，它的材料和结构取决于浇注后的__________和__________。

10．浇注的温度和速度决定于__________、__________及__________、__________和__________等。

11．离心浇注中空铸件时，__________的大小与浇入的__________有关。

12．用离心铸造法，先后将__________浇入一个旋转的铸型，从而获得__________的方法称为双金属离心铸造。

二、判断题

1. 离心铸造浇注多是简单的圆筒形铸件。（　　）
2. 离心铸造的铸件比砂型铸造的铸件容易产生偏析。（　　）
3. 立式离心铸造机适宜于生产直径较大、高度较小的铸件。（　　）
4. 离心铸造铸件的内孔尺寸易控制，内孔的加工余量较小。（　　）
5. 离心铸造容易发生偏析，不适宜用于易产生偏析的合金。（　　）
6. 离心铸造可以生产流动性较差的合金铸件。（　　）
7. 离心铸造铸件的组织比较致密、晶粒较细、力学性能较高。（　　）
8. 离心铸造可以浇注薄壁铸件。（　　）

三、选择题

1. 离心铸造是在（　　）的作用下结晶的。
   A. 离心力和压力　B. 压力和重力　C. 离心力　D. 离心力和重力
2. 用（　　）方法铸造，不用型芯，即能获得圆柱形内孔。
   A. 金属型　B. 离心　C. 熔模　D. 陶瓷型
3. 离心铸造中空铸件时，内孔直径大小与（　　）有关。
   A. 转动速度　B. 浇注温度　C. 浇注速度　D. 金属液量
4. 生产直径较大、高度较小的铸件，宜使用（　　）离心铸造机。
   A. 立式　B. 卧式　C. 倾斜式
5. 较长的筒形铸件及各种双金属轧辊和轴套等适宜于用（　　）离心铸造机。
   A. 立式　B. 卧式　C. 倾斜式
6. 对于铝合金铸件，浇注温度较低，可采用（　　）金属型。
   A. 灰铸铁或合金铸铁　B. 碳钢或耐热合金钢
   C. 带砂衬的
7. 对于铜合金铸件、铸铁件和铸钢件等，大多采用（　　）金属型。
   A. 灰铸铁或合金铸铁　B. 碳钢或耐热合金钢
   C. 带砂衬的金属型

四、思考题

1. 离心铸造有哪些优缺点？

2．什么是双金属离心铸造？其特点是什么？

3．在选择离心铸型的转速时，应考虑哪些问题？

第十一单元　铸件质量检验及缺陷分析

课题一　铸件的质量检验

一、填空题

1. 铸件缺陷影响铸件的__________，严重的甚至成为__________。

2. 用__________、__________、__________或__________检验铸件是否合格的操作过程称为铸件检验。

3. 铸件质量检验的依据是__________、__________、__________及__________。

4. 根据铸件的质量情况可分为下列三类：__________、__________、__________。

5. 废品按照发现的时间可分为“__________”和“__________”。__________是在铸造车间范围内发现的废品；__________是在机械加工时发现的废品。

6. 铸造生产的检验可分为彼此密切相关的 3 个阶段：__________、__________、__________。

7. 铸件外观质量检验内容包括铸件的__________、__________、__________、__________、__________、__________、__________和__________等。

8. 铸件的内在质量检查通常包括__________、__________、__________以及铸件内部缺陷检测等项目。

9. 常用的无损探伤方法有 5 种，即__________探伤、__________探伤、__________探伤、__________探伤、__________试验。

10. 铸件的机械性能主要是指铸件的__________、__________、__________、__________等性能。

二、判断题

1. 铸件尺寸检验，以该铸件的图样为依据，尺寸偏差应符合有关技术文件的规定。（　　）

2. 一旦发现铸件有铸造缺陷，此件必然为废品，为保证机器产品质量，检验时对这类铸件必须剔除。（　　）

3. 当铸件存在缺陷时，就可决定其报废。（　　）

4. 检验工作不应以检验为目的，而应作为改善铸件质量的有效方法。（　　）

5. 铸件外观质量包括铸件形状、表面粗糙度、质量偏差、表面缺陷、色泽、表面硬度和试样断口质量等。（　　）

6. 验型是保证大、中型铸件质量，防止产生铸造缺陷的必要操作过程。（　　）

7．铸件的质量要求决定了铸件检验的内容和方法。（　　）

8．磁粉探伤应用较广，可以用来检验铸件表面或接近表面的微小缺陷。（　　）

9．对于厚大铸件，常采用无损探伤法探测铸件内部的气孔、渣孔、缩松等铸造缺陷。（　　）

三、选择题

1．用无损检测的方法来检测不能用常规方法检测到的铸件缺陷，最佳的选择是采用（　　）。

A．磁粉　　B．X 射线　　C．着色　　D．超声波

2．在生产、技术管理上，通常所说的“内废”，是指（　　）。

A．因为铸件内部缺陷报废　　B．因为车间内部管理原因报废

C．因为在铸造车间内部报废　　D．因为在加工车间内部报废

3．（　　）探伤是用来检验铸件表面和接近表面缺陷的方法。

A．磁粉　　B．X 射线　　C．γ 射线　　D．超声波

4．铸件质量与公称质量之间的正偏差或负偏差，称为铸件（　　）。

A．公称质量　　B．质量公差　　C．质量偏差　　D．偏差

四、思考题

1．什么是铸件检验？其检验的依据是什么？

2．铸件的质量等级有哪些？

3．废品中的“内废”与“外废”是如何区分的？

4．铸造生产的检验可分为彼此密切相关的哪几个阶段？

5．如何检验铸件内部的缺陷？

课题二　铸件缺陷分析

一、填空题

1．在铸造生产的过程中，由于种种原因，在铸件__________和__________产生的各种缺陷，总称为铸件缺陷。

2．铸件表面的各种“多肉”缺陷包括__________、__________、__________、__________、__________、__________、__________等缺陷。

3．孔洞类缺陷以__________和__________最为常见，对铸件质量的影响__________。

4．裂纹、冷隔类缺陷包括__________、__________、__________、__________、__________、__________等缺陷，其中以__________最为常见。

5．气孔一般有3种类型，即__________气孔、__________气孔和__________气孔。

6．影响析出性气孔形成的因素有__________、__________、__________。

7．缩孔是铸件内部__________而产生的__________。

8．根据砂粒与铸件连接情况的不同，一般分为__________黏砂和__________黏砂。

9．砂眼是指铸件__________或__________带有砂粒的__________。

10．浇不到是指铸件__________，或__________，或__________，但边角圆且光亮的铸件缺陷。

二、判断题

1．在铸造生产的过程中，由于各种原因，在铸件表面和内部产生的各种缺陷，总称为铸件的缺陷。（　　）

2．缩松、疏松属于孔洞类缺陷。（　　）

3．冷裂、热裂、冷隔属于表面缺陷。（　　）

4．夹砂结疤、机械黏砂、化学黏砂等属于表面缺陷。（　　）

5．未浇满、跑火、型漏属于形状及质量差错类缺陷。（　　）

6．变形、错型、错芯等属于残缺类缺陷。（　　）

7．冷豆、渣气孔、内渗物属于夹杂类缺陷。（　　）

8．渣气孔、砂眼等属于孔洞类缺陷。（　　）

9．合金的液态收缩率越大，则缩孔容积越大。（　　）

10．合金的固态收缩率越大，则缩孔容积越大。（　　）

11．铸型的冷却能力越大，则缩孔容积越大。（　　）

12．浇注温度越高，则缩孔容积越小。（　　）

13．浇注速度越慢，则缩孔容积越大。（　　）

14．铸件壁越厚，则缩孔容积越大。（　　）

15．靠近冒口、热节等温度较高区域，分布较密集的气孔是析出性气孔。（　　）

16．金属液原始含气量越高，越易形成析出性气孔。（　　）

17．铸件冷却速度越快，越易形成析出性气孔。（　　）

18．气体的扩散速度越快，越易形成析出性气孔。（　　）

19．通常分布在铸件表皮下的气孔是析出性气孔。（　　）

20．浇注时，气体由浇口、型腔混入金属液，会导致反应性气孔的产生。（　　）

21．铸件表面或内腔黏附着一层难以清除的砂粒称为黏砂。（　　）

22．胀砂是指铸件内、外表面局部胀大，质量增加的缺陷。（　　）

23．铸型舂得太松，表面硬度太低，易造成胀砂。（　　）

24．砂箱的刚度、强度低，易造成胀砂。（　　）

25．合型时，未将型腔中散落的型砂清除干净，易产生砂眼缺陷。（　　）

26．金属液的流动性太低，不易产生浇不到缺陷。（　　）

三、选择题

1．铸件采用（　　）铸造，可以减少或避免气孔、冲砂、黏砂、夹砂等缺陷，表面质量也容易得到保证。

A．湿砂型　　B．干砂型

C．表面干砂型　　D．水玻璃砂型

2．飞边、冲砂、掉砂等属于（　　）缺陷。

A．表面　　B．多肉类　　C．残缺类　　D．夹杂类

3．气孔、缩孔、疏松等属于（　　）缺陷。

A．夹杂类　　B．孔洞类　　C．残缺类　　D．表面

4. (   ) 属于裂纹、冷隔类缺陷。

A. 浇注断流　B. 夹砂结疤　C. 错型　D. 鼠尾

5. 浇不到、跑火、未浇满等属于 (   ) 缺陷。

A. 表面　B. 残缺类

C. 形状及质量差错类　D. 成分、组织及性能不合格类

6. 错型、偏芯、变形等属于 (   ) 缺陷。

A. 残缺类　B. 表面

C. 多肉类　D. 形状及质量差错类

7. 冷豆、渣气孔、砂眼等属于 (   ) 缺陷。

A. 表面　B. 孔洞类　C. 夹杂类　D. 多肉类

8. 偏析、组织粗大、脱碳等属于 (   ) 缺陷。

A. 残缺类　B. 夹杂类

C. 成分、组织及性能不合格类　D. 形状及质量差错类

9. 铸件在凝固的过程中，由于补缩不良而产生的孔洞，称为 (   )。

A. 缩松　B. 缩陷　C. 疏松　D. 缩孔

10. 金属液在冷却和凝固的过程中，因气体溶解度下降，析出的气体来不及排除，铸件由此而产生的气孔，称为 (   )。

A. 析出性气孔　B. 反应性气孔　C. 侵入性气孔　D. 气缩孔

11. 金属液与铸型之间或在多发液内部，发生化学反应产生的气体来不及排出，所产生的气孔称为 (   ) 气孔。

A. 析出性　B. 反应性　C. 侵入性　D. 分散性

12. 铸件浇注位置上表面的非金属夹杂物形成的孔洞是 (   ) 气孔。

A. 析出性　B. 侵入性　C. 反应性　D. 渣

13. 气孔的数量较少、尺寸较大、孔壁光滑，表面有光泽或轻微的氧化色，形状多呈椭圆形或梨形，一般位于铸件浇注位置的中上部或上部的气孔是 (   ) 气孔。

A. 析出性　B. 反应性　C. 侵入性　D. 皮下

14. 铸件的部分或整个表面上黏附着一层砂粒和金属的机械混合物，称为 (   )。

A. 机械黏砂　B. 化学黏砂　C. 夹砂结疤　D. 砂眼

15. 黏砂部位的表面看不清单个砂粒，而是一片连续的蜂窝状组织，一般产生在铸件断面厚大的铸钢件上，这类黏砂是 (   )。

A. 机械黏砂　B. 化学黏砂　C. 夹砂结疤　D. 砂眼

16. 夹砂结疤大多发生在铸件浇注位置的 (   )。

A. 上表面　B. 下表面　C. 侧面　D. 底面

17. 铸件内部或表面带有砂粒的孔洞称为 (   )。

A. 冲砂　B. 掉砂　C. 砂眼　D. 黏砂

18. 铸件残缺或轮廓不完整或可能完整但边角圆且光亮的铸件缺陷，称为 (   )。

A. 浇不到　B. 未浇满　C. 跑火　D. 型漏

19. 由于合型时错位，铸件的一部分与另一部分在分型面处相互错开的缺陷，称为 (   )。

A．错型　　B．错芯　　C．偏芯　　D．偏析

20．由于型芯在金属液的作用下漂浮移动，使铸件内孔位置、形状和尺寸发生偏错而不符合铸件图要求的缺陷，称为（　　）。

A．错型　　B．错芯　　C．偏芯　　D．偏析

四、思考题

1．铸件的缺陷按其性质可分为哪几类？

2．析出性气孔是怎样形成的？如何防止？

3．产生缩孔的主要原因是什么？它有哪些特征？

4．缩孔类缺陷的预防措施有哪些？

5．影响机械黏砂的主要因素有哪些？

6．防止夹砂结疤产生的措施有哪些？

课题三　铸造缺陷的修补

一、填空题

1．铸件缺陷的修补原则如下：修补后的铸件__________、__________和__________均能满足要求，且__________合算，即应修补。

2．修补铸件缺陷的常用方法有__________、__________、__________、__________。

3．焊补常用的有__________和__________两种，这是铸件最常用的方法。

4．铸铁件焊补方法常分为__________和__________两种。

5．铸铁件热焊补时，铸件全部或局部应预热到__________，然后进行电弧焊或气焊焊补。

6．对于有裂纹的缺陷，应在裂纹的始末两端以外__________处各钻__________，深度比裂纹深__________的__________。

7．氧－乙炔气焊法是利用__________在__________中燃烧所生成的__________来熔化焊条金属和被焊铸件金属以形成所需__________的一种焊补方法。

8．浸渍填补是解决铸件__________问题的新技术。它是将胶状的__________渗入铸件的__________中，然后使其硬化与铸件孔隙内壁联成一体，从而达到__________的目的。

9．目前，常用的浸渗剂有__________、__________和__________3 种。

10．机床导轨面或其他零件导轨面及重要加工面上的__________缺陷，不宜进行焊补，可以用__________。其修补方法是在缺陷处__________、__________，采用过盈配合压入与铸件＿＿＿＿＿加工的塞子，然后进行＿＿＿＿＿。

二、判断题

1．为了防止铸件在焊补过程中产生的新的缺陷，除了合理选用焊条，处理好焊补表面外，合金钢件、复杂件还需要在焊补前进行预热，焊补时保温，焊补后及时消除应力。（　　）

2．预热是焊补中碳钢和高碳钢铸件时的主要工艺措施。（　　）

3．在修补铸铁件时，凡有动力负载的地方，不允许冷焊。（　　）

4．如果缺陷处表面光洁，就可以不做任何处理即可进行焊补。（　　）

5．气焊火焰宜用弱碳化焰或中性焰，以减少焊区硅锰烧损和消除过厚的氧化膜。（　　）

6．当采用焊补法时，应根据焊条直径、焊条类型、待焊铸件的壁厚等选择适当的电流。（　　）

三、选择题

1．目前，修补铸件缺陷应用最广泛的方法是（　　）。

A．金属液熔补法　　B．堵塞和浸渍法

C．焊接修补法　　D．压入塞子

2．（　　）是最常用的铸件修补方法，对气孔、裂纹、缩孔、砂眼、冷隔等均可。

A．浸渍　　B．渍填腻子修补法

C．金属液修补法　　D．焊补法

3．金属液熔补法多用于修补（　　）铸件的缺损缺陷。

A．大、中型　　B．小型

4．金属液熔补法为避免产生过大的铸造应力，金属液注入后应注意（　　），使铸件（　　）冷却。

A．缓慢　　B．快速

C．保温　　D．散热

5．金属液熔补法熔补后的铸件一般需要再经过（　　）。

A．退火处理　　B．回火处理

C．淬火处理

6．冷焊时，应尽量采用（　　）的电流；热焊时，应尽量采用（　　）的电流。

A．较小　　B．较大

四、思考题

1．铸件焊补方法有哪几种？

2．铸件焊补前对缺陷应做哪些处理？

3．气焊的注意事项有哪些？

第十二单元　铸造工综合技能训练

一、填空题

1. 表示＿＿＿＿＿、＿＿＿＿＿、＿＿＿＿＿、型芯结构尺寸、控制凝固措施（冷铁、保温衬板）等的＿＿＿＿＿称为铸造工艺图。

2. 铸造工艺图中各种工艺符号一般用＿＿＿＿＿、＿＿＿＿＿两种颜色标注。砂型铸造工艺符号或文字一般可绘制在＿＿＿＿＿上，也可另绘＿＿＿＿＿。

3. 铸造工艺图既是制造＿＿＿＿＿及＿＿＿＿＿的依据，也是生产准备、铸型制造、铸件清理和＿＿＿＿＿的依据。

4. 铸型装配图是表达铸型结构的＿＿＿＿＿，它反映铸型型腔的基本形式，芯、芯撑、冷铁、浇冒口系统和通气道等在铸型中的相互＿＿＿＿＿及＿＿＿＿＿，定位装置和紧固铸型各组元所采用的方法等。

5. 刮板造型有两种基本方式：一种是＿＿＿＿＿运动，称＿＿＿＿＿造型；另一种是＿＿＿＿＿运动，称＿＿＿＿＿造型。

6. 对于铸件质量要求高的面或主要加工面，浇注时应朝下的原因是浇注时液体金属中的＿＿＿＿＿和＿＿＿＿＿上浮，而且铸件顶部组织也不如下部＿＿＿＿＿。

7. 浇注时，将铸件宽大平面朝下的原因是在浇注过程中可以＿＿＿＿＿致密铸型上部金属液对铸型内大平面的热辐射时间，避免＿＿＿＿＿的产生。

8. 床身铸造的基本方案是＿＿＿＿＿。

二、判断题

1. 铸造工艺图是操作者在造型过程中的指导性文件。由于操作者最熟悉生产情况，所以在生产过程中，可以根据具体的操作要求，随时进行修改。（　　）

2. 当大型铸铁齿轮的铸造应力过大时，会产生变形。（　　）

3. 大平板铸件应水平浇注。（　　）

4. 有一圆柱体铸件，单件、小批量生产，质量要求不高。为节省木材，当其粗短时，采用旋转刮（车）板造型；当其细长时，采用导向刮板造型。（　　）

5. 当铸造机床床身时，要注意解决导轨面的变形问题，一般是加反变形量。（　　）

6. 铸件的重要加工面应朝下或侧立，以防止产生气孔、夹渣等缺陷。（　　）

三、选择题

1. 在零件图上，用规定的工艺符号把分型面位置、浇注位置、浇冒口系统、砂芯结构尺寸和工艺参数等绘制出来的工艺文件叫（　　）。

A. 铸造工艺图　　B. 铸型装配图　　C. 铸件图　　D. 探伤图

2. 把经过铸造工艺设计后改变了零件形状、尺寸的地方反映出来，并标有表面粗糙度符号的工艺文件是（　　）。

A. 铸件图　　B. 铸件粗加工图

C. 铸件探伤图　　D. 铸造工艺图

3. 在安放模样时，铸件的重要加工面不应（　　）。

A. 朝右　　B. 朝左

C. 侧立　　D. 朝上

4. 铸件工艺设计的完整内容是用（　　）来表达的。

A. 铸造工艺图　　B. 铸造工艺卡

C. 铸造工艺技术文件　　D. 铸造工艺规程

5. 对于机器造型，当客观条件正常时，影响铸件尺寸精度的主要因素是（　　）。

A. 模具装备　　B. 铸造工艺

C. 操作技术　　D. 造型材料

6. 在正常情况下，砂型铸造铸件尺寸为 200 mm × 200 mm ~ 500 mm × 500 mm 铸铁件的最小壁厚是（　　）mm。

A. 10 ~ 12　　B. 6 ~ 10

C. 4 ~ 6　　D. 8 ~ 10

7. 导向刮板造型是刮板造型方法中的一种，它主要是用来制造单件生产（　　）铸件。

A. 粗短的圆柱体　　B. 细长的圆柱体

C. 球形体　　D. 圆锥形体

8. 大型旋转刮板在刮砂前，必须用螺栓将刮板紧固在（　　）上。

A. 底座　　B. 轴杠

C. 颈圈　　D. 转动臂

9. 旋转刮板的最大优点在于（　　）。

A. 省工省料　　B. 提高紧实度

C. 便于下芯　　D. 有利于干燥

10. 大平面厚壁铸件，用黏土砂造型时，为防止上箱平面烘烤掉砂，在造型的过程中，应采取（　　）措施。

A. 舂砂时挂铁钩　　B. 表面刷涂料

C. 上型钉铁钉或铁片　　D. 上型扎足够出气孔排气

四、思考题

1. 什么是铸造工艺图？

2．什么是铸型装配图？

3．平板铸件缺陷及防止方法有哪些？

4．车床尾座缺陷及防止方法有哪些？